# 木素材

## 萬 | 用 | 事 | 典

### 設計師打造自然木感住宅
### 不敗關鍵 350

WOOD MATERIAL

暢銷典藏
更新版

漂亮家居編輯部 著

Wood Material

# Contents

目錄

## Part ① 絕讚木空間賞析

Part 1

絕讚木空間賞析

# 勻潤沉穩的
# 微光木宅

撰文 鄭雅分　空間設計暨圖片提供 敘研設計

**坪數**
40坪

**木素材**
胡桃木(鋼刷處理+平光還原漆)、海島型橡木地板

**其他**
大理石、鐵件、地暖、萊姆石塗料、礦石塗料

人生過半場，女兒也已成年，越來越懂得靜心品味生活美好的夫妻倆，對於新居設計的期許是更為沉穩、且能放鬆身心。為此，敘研設計陳建廷特別選擇以紋理自然流暢的胡桃木紋作為空間主旋律，運用大面積的胡桃木包牆方式，讓空間隨著胡桃木紋理的均勻變化展現優美律動感；另一方面，藉由玻璃的穿透特質設計書房隔間，順勢串聯客廳的大片落地窗，將陽光、空氣感引入室內，除凸顯明亮採光的空間優勢，並滿足屋主喜歡蒔花植草的興趣。特別的是，書房玻璃帷幕及餐廳旁木牆轉角均採用弧面設計，避免了銳利角度，呈現出更圓融的空間感；而進入私領域的廊道也因兩側玻璃面與鋼刷胡桃木皮不同材質、不對稱的弧面，產生了設計趣味性與空間延伸放大效果。

除有胡桃木皮的原色紋理主導空間節奏外，從玄關、餐廳到客廳牆面則採用栓木染黑，再連接局部胡桃木及大理石牆設計，將玄關櫃、餐櫃、壁龕端景與電視牆完美整合，一路由暗轉明的漸次視覺恰可連接戶外光線，營造出與自然融合的和諧感。其中餐區的黑色櫃牆因栓木本身紋理可折射天光與投射燈光，讓黑櫃門不暗沉單調、提升設計質感，與黑色餐桌呼應更顯整體設計感。此外，為了維持自然木皮的質感，大量核桃木牆特別選擇平光還原漆做保護，配合自然拼接設計，讓牆面木紋呈現和緩變化與沉穩色調。陳建廷提醒，挑選木皮時要避開過度花俏的花紋，以免畫面失序、雜亂。而透過低反光的胡桃木讓穩重氛圍瀰漫室內，輔以簡約線條設計，讓屋主生活回歸自然純粹的舒適感。

1

2

1 **平鋪木紋與格柵之美** 開放的餐廚空間運用胡桃木平鋪牆面，並結合電器設備形成機能與裝飾性兼具的美型電器牆；廚房吧檯則以胡桃木格柵設計為底座，搭配灰白石材檯面，為木空間增加層次感與提亮效果。

2 **鋪陳出森林般溫潤質地** 胡桃木具秩序感的木紋理向上生長，搭配地面躺平的橡木木地板，讓家有如木森林一般展現自然氣味，設計師特別選擇紋理均勻的木皮做自然拼貼，並以平光還原漆作保護處理，忠實展現原木色澤與觸感。

11

3

4

5

**3 木石元素更襯清新植綠** 考量屋主喜歡植花蒔草,在室內與陽台都有種植綠色植栽,與室內大面積的木牆地素材,以及大理石電視牆等自然樸實材質形成呼應,映襯出更清新有氧的舒適環境。

**4 木紋讓黑牆更耐人品味** 由玄關過渡至客廳的牆區牆櫃選擇以栓木染黑設計,與大理石電視牆形成反差對比;其中漆黑木櫃與光交會後折射出耐人品味的黑木紋,有別於單調的黑牆,增添設計細節感;而穿插其中的壁龕佛像則為走道增添美麗端景。

**5 黑鐵與木紋的經典絕配** 書房走道兩側的玻璃與木質隔間採以弧面設計,成功地為客、餐廳、走道帶來更寬廣視野;在書房內則延續以胡桃木牆櫃與鐵件層板的設計,滿足收納與展示需求,搭配窗邊的輕鬆座榻,形成溫潤安靜的經典設計。

6

6 **木石圍塑溫暖床邊氛圍** 主臥室運用半高電視牆區隔出睡眠與更衣間，再以礦石塗料漆出床頭的石紋主牆，下方銜接木質床頭櫃與對稱床頭燈，圍塑出溫暖的休憩氛圍，而橡木地板則提供舒適紮實踏感。

7 **可可色木格柵體現知性美** 女兒房除了在地板與主牆均維持原色木質主調，床頭特別搭配漆上可可色的木格柵門櫃做出變化性，不僅木格柵主牆內可增加收納機能，而且典雅設計中也展現知性美，搭配白色寢飾則更顯輕盈優雅。

8 **木櫃與石檯面提升質感** 在乾溼分離的衛浴空間中運用萊姆石塗料漆出如灰色石材的寧靜空間感，並於乾區以大理石檯面搭配染灰色木質浴櫃，在通透玻璃隔間與充足採光中營造樸質素雅的衛浴空間。

6

7

8

# 從木紋細節的堅持
# 型塑個性小空間

撰文 陳佳歆　空間設計暨圖片提供 工一設計

**坪數**

約22坪

**木素材**

橡木木皮、海島型木地板

**其他**

優的鋼石、鍍鈦、磁磚、繃布

隨著新居落成，家中的新成員也來報到，因此空間從3人世界的生活方式思考規劃，以嶄新的姿態承接一個小家庭的新生活。坪數只有22坪左右，需求上就是以方便照料寶寶為主，偶爾需要在家裡使用電腦工作。由於只有單面採光，佈局上的安排以整合空間著手，重新配置廚房位置，將廚房櫃體刻意置入在入口處，讓空間形成內與外的區隔，開窗也重新調整引入更多的窗景綠意，自然光線覆蓋的範圍也更為寬廣。

主臥和小孩房統整在空間同右側，讓出完整的採光面給客餐廳及廚房使用，2房的配置屋主符合現階段的生活狀態，同時以寶寶學齡前的照料構思小孩房，鋪設木地板方便寶寶爬行玩耍，並以滑動式的折門取代實牆，設計上讓客餐廳、廚房及小孩房在空間上能各自獨立，視線及動線則能彼此相連，當女主人在料理嬰兒食品時也能一邊照顧寶寶。

屋主喜歡簡單寧靜的色調，但又擔心感覺過於冰冷，設計師從質感著手，以溫暖的木皮和繃布襯托出溫度，平衡灰白無色調帶來的理性，同時以單一材質延伸空間的手法整合視覺拓展小坪數空間，像是從玄關開始鋪至小孩房牆面及公共區域的自然紋理磁磚，又或從廚房櫃體、天花板到電視主牆的實木皮，都使空間呈現完整的一致性。

深色的實木貼皮牆面採用山形紋搭配直紋的亂花拼法，使得整體紋理的呈現感覺更為自然生動，廚房設備和主臥也能不著痕跡的隱藏在其中，難以言諭的空間美感也在設計師對細節的堅持中點滴累積出來。

1

2

**1 半隱藏廚房維持簡潔空間視感** 雖然是
開放式廚房，因應屋主希望能常保整潔感
的需求，特別在料理檯前設計一道木質折
門，當客人來訪時只要關門可以一秒變整
齊；小坪數空間採用複合機能設計，自中島
延伸的餐桌同時作為工作桌使用。

**2 整合格局與開窗讓光線均勻透入** 空間因
為單面採光加上開窗方式，讓原始空間形
成多處暗角，因此將廚房位置重新調整，
並將主臥和小孩房的位置整合在同一處，
小孩房以滑動折門讓客餐廳、廚房及小孩
房形成開放式的生活空間，不但平時便於
照顧寶寶，使得動線和格局因此更為單純。

3

**3 以溫潤素材質感平衡冷調色感** 從小朋友學齡前的成長需求思考小孩房設計，讓寶寶能安全的學習環境，地板鋪上觸感較溫潤的海島型木地板，其中一側牆面則採用布質處理，運用給人較溫暖的材質質感來調和理性的冷色調。

4

5

6

**4 機能玄關形成內外界線** 將廚房設置在入口處形成一處玄關,成為內外空間的一個緩衝區域,大門入口也不會正對窗戶,玄關根據需求規劃開放與封閉收納空間,收整鞋子之外在入口處特別設置嬰兒車收納櫃,提升進出家門的便利性。

**5 特殊木紋拼貼展現空間調性** 主要立面採用染色橡木表現空間的紋理質感,特別挑選特色鮮明的木皮,染上葡萄酒紅的色調強化紋理,加上山形紋與直紋混搭拼貼,使木紋在自然光線照映與白色基調的對比中成為空間的特色焦點。

**6 預留嬰兒床位置滿足照顧需求** 主臥延續整體空間的白灰黑色調,利用繃布處理床頭牆面再搭配暖黃光床頭調燈,提升臥房休憩時的溫暖氛圍,雖然空間坪數不大,仍預留足夠的空間放置嬰兒床,方便夜裡隨時照料寶寶的需求。

# 原色木素材營造
# 無印風的親子共學空間

撰文 陳佳歆　空間設計暨圖片提供 日和設計

**1 溫潤原木色澤地板呼應環境綠意** 淺木色超耐磨木地板從玄關位置延伸成為教室空間，溫潤的原木色澤與窗外綠樹呼應出自然質樸的氣息，這裡也是女主人的陶藝創作空間，因此規劃了完善工作機能，轉角牆面特別刷上黑板漆，方便隨手筆記也成為小朋友揮灑塗鴉的畫板。

居住在都會中心的年輕夫妻，期盼給寶貝女兒一個寬敞舒適的親子共學空間，於是將閒置的老屋交由設計師重新改造，於是設計師從屋主對未來生活的期待及需求構思，跳脫隔間框架賦予空間高度自由。老屋保留天花的原始高度，利用木紋修飾橫貫空間的大樑並從中延伸出木桁架，打造出有如小木屋斜屋頂的感覺，結合大面開窗引入樹梢綠意，讓空間與自然有了緊密連結。

空間雖然沒有磚牆隔間，藉由老房子排水管線重新配修所形成的地面高低落差，自然型塑出3個區域的分界，入口一進門規劃為女主人的陶藝小教室，裡面配置了完善的工作設備，並以全透明的玻璃折門作為隔間，當空間內有不同活動在進行時能減少干擾，視線也能透過玻璃隨時照應小朋友的活動狀況。

屋主希望將這裡視為家裡的第2個客廳，因此基本的生活機能不能少，依照屋主簡易烹調的需求規劃廚房，平時可以簡單料理，偶爾也能化身成烹調教室讓孩子從小體驗下廚樂趣，到了週末夜晚，則成了大人們與親友寒暄小酌的吧檯。

最高的多功能和室地板中間特別鋪設日式榻榻米軟墊，不但小朋友可以在上面翻滾午睡，大人也可以席地而坐在這裡享受影音設備。設計師從小朋友的視角思考，將收納整合在地坪落差的銜接空隙，小朋友因此能輕鬆學習收納。

明亮的日光照入白色基調的空間，搭配偏黃色調的木質素材，營造出印象中的日本現代風格，一種簡約、潔淨、舒適的空間，在這裡可以與孩子共同實現生活夢想，因為他們知道陪伴才是父母給孩子最好的禮物。

**坪數** 20坪

**木素材** 桁架：6分夾板＋木紋貼紙，門片、層板：木芯板＋實木貼皮，地坪：海島型超耐磨木地板

**其他** 系統櫃、杜邦人造石

2

3

4

2 **複合吧檯滿足大人小孩需求** 空間中配置簡易廚房能簡單製作一些輕食，同時兼具孩子們的料理教室，吧檯的另一側規劃封閉與開放合併的收納，讓零碎的小物件也有藏身之處，同時搭配高腳吧檯椅，當小孩盡情玩耍時，大人也有一處聊天暢飲的地方。

3 **巧妙運用鏡面反射木桁架隱藏大樑** 由於老房子高度較低因此不做天花板，但仍要解決橫貫空間的天花大樑，以夾板包覆再以木紋裝飾軟片修飾表面，並藉由鏡面反射往兩側延展的木桁架，在虛實相映下消弭天花樑的壓迫感，創造出小朋友夢寐以求的樹屋空間。

4 **利用架高地坪落差整合收納空間** 立面延續天花木桁架的線條延展視覺，讓空間感覺更為開闊，並預留設置影音設備的位置，創造出多元的空間功能。在地坪落差位置整合收納櫃，將收納扁平化以符合小朋友人體工學的操作高度，從小培養收拾東西的好習慣。

**5 大空間小細節對應多樣空間期待** 重新排配老舊的排水管線後順勢規劃架高地坪，將此區作為多功能空間使用，中間特別嵌入日式榻榻米，再搭配活動式的抱枕和軟墊坐椅，對小朋友來說這裡是遊戲、閱讀及睡覺的地方，對大人而言是聊天、享受影音的休閒場域。

**6 黑框玻璃折門創造空間使用彈性** 小教室以折疊門作為隔間維持了場域的開闊度，而且有更多使用的可能性，透明玻璃保有通透的視野也能適度隔音遮蔽，當孩子們在多功能空間睡覺時，大人們在這裡同樣能盡情聊天同時隨時關注動態。

**7 無隔間＋大開窗打造無拘共學環境** 全開放式的空間格局為親子之間創造出無阻礙的活動場域，而樓層剛好座落在樹梢高度，特別打開大窗引入充足光線也延攬蓊鬱的綠意，藉由窗景模糊內外界線，營造出宛如置身自然之中的學習環境。

**8 實木洞洞板讓展示收納不拘泥** 延續空間多元使用機能的構想，作為靜態的學習教室裡需要一個靈活的展示牆，為維持空間調性的一致，以原色實木製作洞洞板搭配小木樁與層板，能依照物品形式大小變換組合排列，用來陳列、佈置或者收納都相當美型。

7

8

# 淺木色結合材質語彙
# 勾勒輕美式居家

撰文 許嘉芬　空間設計暨圖片提供 十一日晴室內裝修設計有限公司

1

1 **添加灰階的木色更和諧** 公領域集中在一樓，協調的木色之中添加些微的灰階色彩，與壁面的灰藕色更為和諧，樓梯踏面換上木素材，特別是不規格的四個踏面搭配實木材質，讓收邊更為美觀。

2 **木製拉門引光兼具貓咪安全** 玄關鞋櫃利用橡木實木皮板做出拼貼線條效果，地坪搭配復古花磚圖騰，展開屋主喜愛的輕美式氛圍，懸空式櫃體減輕壓迫，左側開放式設計可直接擺放常穿的鞋子，橡木刷白拉門融入局部玻璃材質，讓光線維持通透，一方面也可防止貓咪們往外衝。

擁有五隻喵星人的年輕夫妻，希望家能呈現有如輕美式般的氛圍，而男主人也期盼獲得一間獨立的書房，兩層樓的原始隔間並未調整過多，「屋子的後側光線稍微弱了一點，因此格局規劃上著重變更局部的隔間設計，加上適當比例的色彩搭配與風格性材質的運用，」十一日晴主持設計師沈佩儀說道。因此像是廚房及書房牆面皆改為玻璃材質，讓前後採光能彼此相互穿透，另外包括獨立玄關也以木製拉門結合局部玻璃，保持室內光線的明亮與通透性，一方面亦是避免喵星人往外衝的安全性。

屋主鍾愛的簡單舒適輕美式氛圍，則表現在空間色調與重點式材質與圖騰的搭配運用，像是玄關進門處，橡木實木皮板創造出拼接線條的效果，加上鮮明的花磚地坪，由此展開風格性的語彙。進入一樓公共領域，白色之外選搭灰藕設色刷飾電視主牆並延伸於樓梯間轉折面，暖灰色感增加空間溫度，廚房木格窗隔間則是選用橡木洗白木皮，餐櫃選以木節拼接、紋理鮮明的系統板材打造而成，在協調的木色之中添加些微灰階，與壁面塗料色更為和諧，然而卻又能展現個性與風格。除此之外，原始傳統的磁磚面樓梯，重新採用木素材作為鋪面，不規則的踏面處考量收邊銜接的美觀性，因此挑選實木材質，往上則配合紋理、色澤相近的超耐磨地板，平衡預算又能兼具美感。

**坪數**
46坪

**木素材** 橡木實木皮板、超耐磨木地板、橡木刷白

**其他** 花磚、玻璃、鋁框拉門、刷漆、地鐵磚、窯變磚、手工磚

2

3

3 **灰藍沙發搭配木色更有層次** 利用公領域足夠的空間尺度，於沙發後方規劃一面隱形收納櫃體，深度逾65公分，足以放置行李箱、電器與推車，拉門門片覆以淺灰色調、鏤空把手設計，立面更形簡約俐落，灰藍色沙發為特殊防抓布材質，對於整體空間來說也更有層次感。

4

4 **通透玻璃門引光創造寬闊感** 將廚房與書房的隔間打開，採取通透的鋁框門令前後光線發揮最大效用，相較於廚房以溫潤的橡木格窗為設計，考量書房主要為男主人使用，鋁框門改為中性黑色調，調和空間的柔性比例。

5

5 **橡木混搭復古磚材營造輕美式風** 橡木格窗內為中島式廚房，因應輕美式的風格氛圍，白色廚具的配置之下，地坪選擇鋪設窯變色紅磚，壁面則是灰綠色手工磚，為空間增加一些色彩的變化，中島檯的設置也提升實用機能。

6

7

8

**6 深淺木色勾勒簡約溫馨調性** 主臥房陳設簡約俐落，以木質家具為主題，由於空間的採光明亮舒適，因此大膽選用色調較深的胡桃木，床架也是實木材質，營造溫暖舒適的氛圍，床頭壁燈則是配上金屬亮面古銅材質，提升精緻質感。

**7 採光長窗化解陰暗** 一樓客浴延續橡木門扇設計，右側長虹玻璃的局部隔間設計，化解內部缺少自然採光的問題，下方鏤空則讓貓咪們能自由進出，有如水彩暈染畫般的地磚刻意搭配灰色地鐵磚與白色方磚，豐富空間的層次，也創造出活潑的視覺效果。

**8 材料配色拼法回應風格喜好** 主臥衛浴考量使用頻率高，加上面臨嬰幼兒沐浴的需求，因此面盆尺寸特意加大，浴櫃也是特別訂製，立面為木紋美耐板搭配實木壓條，結合仿石紋磁磚與復古六角磚的選用，藉由配色與拼法凸顯輕美式風格。

# 手感木紋的
# 自然療域

撰文 鄭雅分　空間設計暨圖片提供 晨室設計

這個房子是屋主一家四口的第二個家，雖然屋主還蠻年輕，但是夫妻倆希望未來退休後能在這裡一直住下來；加上當初找了很久才在市區覓得這擁有一片綠意陽台的房子，因此，晨室設計總監陳立晨點明此個案設計重點必須兼備度假、老後的需求。其第一要務就是讓室內與戶外陽台能緊密連結，以及藉由格局共融設計，讓每位成員的互動距離拉近，無論現在或未來在各自空間也不疏離。

為了達成以上二大設計宗旨，設計團隊一開始就向建設公司申請客變，先將原本外牆低檯度的開窗改為落地窗，讓戶內外視野串連，並依一家四口的需求量身訂做出二房一大廳新格局。首先，將連結二樓的樓梯定位為空間第一主角，位於房屋正中央的階梯不只是動線，樓梯下方設計為沙發背牆，而階面則是孩子座區，讓親子零距離互動。紅色扶手梯與客廳、餐廳甚至房間的距離幾乎都呈等距離配置，奠定了樓梯的核心地位，配合二樓主臥房大尺度的玻璃觀景窗設計等巧思，使屋主不管身在屋內何處都能欣賞陽台綠意，同時也能感受家人的起居動態。

在建材上，選擇以自然手感的鋸木紋橡木實木地板做為主要牆地面材，而廚房櫃體門則運用現代粗獷質感的實木集成材，搭配灰色漆牆可調和出微醺的柔和光感與溫度感。最特別的是室內的木建材全以原木、原色的不上漆設計，陳立晨強調空間不是樣品屋，只要生活在其中木質一定會有損壞，但他不建議用保護漆或者玻璃墊去做隔離保護，這些撞擊或損壞痕跡都是生活軌跡，與木紋一樣美麗，值得品味。

1

2

**1 手感木紋反映自然天光** 從寬敞玄關進入室內即可感受到木空間魅力，鋸木紋橡木實木地板可因天光反射而不顯沉重，立體表面也凸顯滿滿自然質感；而左側立面的廚房實木集成材門櫃因同色調不同紋理展現設計的細微變化。

**2 客變開窗迎來陽台綠意** 為強化市區難能可貴的大陽台優勢，設計團隊先請建商客變將低檯度窗戶改造為落地窗，迎來雙面大採光的綠意格局，這也為濃郁實木色調的室內空間奠定了更明快、舒適的空間感。

3

4

5

**3 實木與灰牆圍塑安定感** 為了滿足目前及未來退休生活需求，特別將入門玄關格局放大，整個室內以開放的格局規劃，除拉近親子距離，也可因應老後人生，而覆以大量實木與寧靜灰色調的牆地，則圍塑出溫潤且安定的空間氛圍。

**4 懸臂梯與紅扶手超吸睛** 樓梯不只是連結樓上樓下的動線，更是這個空間的主角，位居全家中心位置且成為各區域的聚焦點，以橡木做包覆設計的懸臂式木樓梯，搭配紅色簡約線條扶手則更彰顯主角地位與設計感。

**5 木天花強化梯區空間感** 一般小宅會將功能性樓梯移至角落以減少空間浪費，但晨室設計將紅色扶手梯放在房子正中央，且視為沙發背牆，搭配二樓天花板橡木貼飾增加安定感，將樓梯定義為可坐、可聊天、可閱讀的休閒空間。

6

6　**簡化建材凸顯自然木感**　開放的餐廚規劃可讓家人的關係更拉近，而單純木建材與灰牆搭配則避免雜亂視覺、呈現自然木感，讓開放格局也能簡約、而有層次感；餐廚區特別改以實木集成材作門片，可與其它空間略作區隔。

7　**小孩房延續木空間主調**　一樓樓梯後方房間，規劃為一對學齡孩子的共用空間，延續公共空間灰牆與木地板等設計主調，再搭配簡約陳設的木家具來滿足休憩生活所需，此外，臥房門片也改用鋸木紋橡木實木，讓設計更有一致性。

8　**觀景窗帶來主臥好視野**　二樓主臥室除了擁有較寬敞的起居區域及衣櫥收納空間，最大特色在於臥床區的觀景窗，藉由大開窗的設計讓二樓臥室能享有戶外窗景的好視野，同時也可看見一樓孩子們的起居活動。

7

8

# 山形栓木調和灰白，
# 營造日光清爽居家

撰文 許嘉芬　空間設計暨圖片提供 木介空間設計

1

**1 讓收納巧妙融入立面設計** 電視牆立面以木作烤漆搭配栓木拉出視覺層次，俐落的鐵件層架下方同時加入木質元素，達到相同的效果，右側半圓壓克力是趣味的積木收納盒，讓喜愛樂高的一家人能方便收藏小組件。

**2 木格柵拉門透氣也化解壓迫感** 玄關入口利用格局原有條件，依著壁面打造大面鞋櫃，採用栓木製作為木格柵形式的拉門，降低壓迫之外也有助於通風透氣，地坪鋪設復古六角磚，鏡面也特意選擇圓弧造型框，注入一點北歐童趣感。

位在南台灣的四房二廳新成屋，逾40坪的大小對一家三口來説算是充裕，格局上因應家庭人口作了些微調整，拿掉廚房、書房兩道隔間牆，若以平面軸線作為切割，公、私領域正好形成1：1的配置，也由於公領域的全然開放，以及既有採光窗面的優勢，整個家十分明亮。因應屋主喜愛清爽溫暖的空間調性，木介空間設計特別挑選淺色且具有山形紋理的栓木為鋪陳，將比例設定為3成，7成則是搭配樂土、白色漆料為主，尤其壁面多為樂土刷飾，避免色調過於死白、毫無生氣。

一方面將空間主要顏色控制在淺木色、黑灰白四色之中，藉由協調統整的色彩配比，拉大視覺比例，唯一的格局缺點—樑柱結構，則巧妙運用栓木立面作為修飾，例如入口玄關的柱體發展成為深度65公分的儲藏室，大樑兩側刻意包覆栓木收邊，轉化為造型設計，削弱樑的意象，甚至於利用栓木製作成軌道燈燈盒，調和黑白對比的層次，以及鐵件層板局部鑲嵌木頭，既可增加層次也能提升空間質感。不僅如此，設計師更以一家三口熱愛的樂高積木為靈感，創造出與電視牆整合的壓克力圓形收納盒，並適當讓圓、弧形、幾何線條串聯於各個空間，像是儲藏室的圓形把手、開放書房的弧形收邊桌面、中島吧檯灰白相間磁磚，為家注入些許童趣，卻又不至於過份地可愛，維持現代簡約的主軸。

坪數 40坪

木素材 超耐磨木地板、栓木

其他 樂土、美耐板、鐵件、壓克力、磁磚

2

3

4

5

**3 淺色栓木勾勒簡約清爽樣貌** 木紋與其他材質的比例為3：7，由於空間的光線十分明亮，壁面多以樂土刷飾，整體色調控制在黑灰白與栓木四色之中，創造出簡約清爽的生活氛圍。

**4 栓木立面隱藏大儲藏室** 因應玄關入口既有的結構柱體，順勢發展出深度65公分的儲藏室，腳踏車、行李箱等都能整齊收至內部，鏤空圓形是把手也可透氣，門片與柱體收齊如完整立面，也降低櫃體的存在感。

**5 局部點綴木質提升層次** 大樑兩側刻意包覆栓木修飾，轉化為造型的一部分，一方面也利用栓木製作為軌道燈的燈盒，調和白色天花與黑色燈具的對比層次，亦可提升層次與質感。

6

**6 黑色拉門弱化電器設備** 玄關右折後隨即進入餐廚區，鏤空櫥櫃採用栓木打造，中間嵌入鐵板材料做為收藏磁鐵、留言使用，以此為延伸並考量家電設備色調，發展出完整的黑色立面，既可將電器弱化隱形，也巧妙修飾通往後陽台的動線。

**7 點綴黑色烤漆突顯質感** 捨棄一房改為開放式書房，面臨窗邊的好光線條件下，規劃結合收納的臥榻機能，每個抽屜都能完全推出來使用，方便整理玩具、生活用品。栓木桌面末端同樣以弧線收邊，一來也加強孩子的安全性，右側層架下另增設木作烤漆櫃體，可擺放文具或較為凌亂的用品。

**8 點綴木質回歸簡約舒適** 主臥房回應空間的幾何線條概念，圓弧床頭板以金屬漆為收邊，結合木質素材，另外也將木質天花延伸至此，讓整體調性更為協調。側邊的櫃體則是為了化解睡寢區對衛浴動線的尷尬，以鐵件分隔搭配白色烤漆，製造輕盈視感。

7

8

8

# 三代同堂
# 雙拼對稱新詮釋

撰文 陳婷芳　空間設計暨圖片提供 北歐建築

坪數 64坪

木素材 橡木染黑、系統板、橡木皮、超耐磨木地板、系統板

其他 Ed house 機能櫥櫃

原本居住市中心三代家庭，屋主一直企盼擁有三代能彼此相伴的美好居家，一同分享生命歷程，正因因緣際會覓得這處坐擁環山的完美居所，隨即就決定移居至此，與家人展開三代同堂新生活。

平日工作繁忙的屋主，期望歸家後能緩慢步調，放鬆身心靈品味生活，並能就近照顧年邁父母，給予孩子歡樂成長的空間。於是設計師在跳脫傳統三代同堂大坪數既定框架的設定之下，雙拼格局以「開門見山」手法勾繪玄關、客餐廚，屏棄隔間配置，放大公場域，引領全齡宅的新詮釋。

設計師利用開放對稱設計，使兩戶生活動線相繫串連，拓展獨立與開放兼具的舒適空間，且透過大量留白表現，以質樸素材烘托豐沛日光及翠綠林景，把自然天光融為居家中一道風景，構築三代家庭貼近互動的舒活質感宅。

每個年齡層需要的空間與生活步調截然不同，格局、獨立空間都可以被設計出來，又能保有屋主重視的隱私性，曾在國外工作多年的屋主偏好深色個性風格，在空間裡營造穩重簡鍊的內在性格，並為屋主需在家辦公而規劃書房；父母房則盼望質樸、無印原木風做為空間主軸，瞭解父母興趣喜愛畫畫而有獨立的畫室。

呼應周圍環境，從自然汲取中性色彩揮灑於各空間。屋主家以粗獷石材為色彩主視覺，選用深黑灰木皮紋串連公私空間；父母家則以鋪設溫潤木地坪與雅致立面交織出舒適韻味，將大地色系納入臥房打造系統層櫃，使室內洋溢溫暖氣息。嵌入式的木工量身客製的櫃體收納，無論結合異材質或進退面的設計細節，整體收納相當實用且兼具提升視感。

1 **墨黑木紋餐廚個性表現** 墨黑奔放木紋肌理
貫穿開放餐廚空間，實木貼皮染成黑色，加
上不鏽鋼條，背景更顯個性化，廚房配置毛
絲面不鏽鋼中島、霧灰櫥櫃等冷冽質地，型
塑性格俐落感，餐廳同樣選擇冷棕木紋，交
錯米白餐椅使整體顯得不壓迫厚重。

**2 木作電視底座存在感小** 為了將戶外林景延攬進室內，特地精簡電視底座尺寸，以橡木染色的小面積電視牆背板因而不妨礙環繞視野，並保留自在動線，透過多片落地窗提供豐沛光線，與木質地坪加深公領域通透明亮感，納入粗獷石材成為最自然端景。

**3 小屋床頭櫃被家包圍** 為孩子特別訂製一個房子造型的活動床頭板，讓孩子有一個被家包圍的感覺，不僅作為床頭造型，也代表家的意象，並且可遮擋早晨光線，小屋床頭櫃旁邊開了一扇小窗戶，讓微光透進來。未來孩子長大了，有單人床需求時，仍可繼續沿用。

**4 懸空木紋電視櫃俐落有型** 帶有細緻肌理雅灰塗料鋪陳電視背牆，相映連結公共空間的簡約灰地磚，圍塑出沈靜內斂韻味，因屋主無過多視聽設備，則簡化懸空木紋電視櫃，並與餐廚同樣使用冷棕木紋，呼應屋主的個性品味，搭配一旁黑鐵質材牆面，可佈置相片磁鐵裝飾牆之用。

**5 木紋床頭櫃收納好滿足** 屋主家主臥主要訴求舒適自在，以深咖木紋床頭櫃延伸公領域元素，並結合隱藏收納的概念，將系統櫃收納空間做到極致，保留給動線的流暢感；同時塑造簡約休憩空間，在床邊特別訂製活動式層板，日後想要換成床邊桌，收起即可。

4

5

7

8

5 **鏤空推門如下雨般光線** 沙發立面上的拉門是父母家最引人入勝的設計亮點，門片上面鑿洞，讓光線可以從客廳進到臥室裡，光線會像下雨般帶入情境，立體層次變化，但依照一般人站立高度平均110～180公分之間嵌入霧玻璃，私領域依然保有隱私。

7 **長輩房安全實務為優先** 父母家主臥室以溫潤系統立櫃奠定室內基調，由於男主臥沒有對外窗，特別著重鏤空線性的安全門面設計，使光線能自由穿透映照，於夜晚走動時依然具備足夠光源。木地板具備止滑抗污效用，為長輩多一層安全保障。

8 **日光書房搭襯軟件配色** 屋主需要在家辦公，因此挪用客廳邊角為日光書房，從面山景觀意象擷取色彩，並搭配軟件跳色讓空間感增添活潑氣息，挑選湖水藍單椅點亮此區，染黑實木紋牆面內嵌染成藍綠色的鐵件書櫃，搭配草綠地毯，給自己一處自然悠活小天地。

# 無垢感配色的
# 無印木質宅

撰文 李亞陵　空間設計暨圖片提供 FUGE 馥閣設計

1

1 **與木質呼應的大地牆色** 客廳區域以木色為
基礎，鋪陳大面積的木地板，並搭配棕土色
沙發牆，讓壁與地無違和銜接，並選搭灰色
布沙發、藍白色塊地毯等軟裝，藉由窗面篩
落豐沛採光，締造閒適的無印風。

這是一間為了熱愛無印風的屋主、所打造的住宅空間。設計師首先整頓格局，為了讓家人互動更融洽，選擇將客廳、餐廳改為開放式並排關係，並對調原本客廳沙發與電視牆的位置，讓使用者即便坐在沙發上，也可與中島餐區產生互動，使客餐廳能更頻繁的交流。

同時在餐廳旁側安排小型中島，與木牆串起與一字型廚房的迴字動線，讓廚房、餐區、客廳均繞著中島活動，並將廚房立面改成彈性玻璃拉門，當門片關上時，廚房可避免油煙外溢，平時敞開時，亦可促成光線的無阻礙流通，讓居宅各個角落都可獲得陽光的照拂，而與中島連結的木牆則成為實用、美觀的餐器置放架。

色彩與選材上，從公共區到私密領域，均採用木皮色彩與淺色牆的「無垢感配色」，像是棕土色、麥褐色等等，讓牆色可與木意背景相融合，並捨棄過多且無用的裝飾性設計，譜出簡約的生活感畫面。且透過地坪材質作為分界，運用磐多魔與木地板的差異，確定客廳與餐廳使用範圍，也讓餐廚區域更便於清理。

由於屋主有指定的愛用家具品牌，於是在空間內統一使用栓木山形自然拼鋼刷木皮，藉由淺色木紋的呼應，讓軟硬裝可融洽共處。而客廳外部的陽台，則選用防腐木地板鋪敘地面，並栽種大量的綠意植栽，再開窗引導微風循環，讓生活每個角落都與自然息息相關，共構「陽光、空氣、水、木質調」的美好對話。

**坪數**
32.5坪

**木素材**
栓木山形自然拼鋼刷木皮、木地板、防腐木地板

**其他**
壁紙、磐多魔、珪藻土、鐵件烤漆、玻璃、Cleanup廚具

**2 防腐木板打造日光陽台** 規劃陽台延伸室內視野，以通透落地窗串聯室內、戶外的連結，並在陽台鋪設防腐木地板，刻意留出種植綠植的位置，而窗邊更隨興擺放幾張單椅，讓人隨時坐享美景，感受美好採光與綠意。

**3 嚴選無印良品家具** 大部分家具皆選擇屋主愛用的「無印良品」，於客廳安排休閒沙發椅，搭配餐廳的原木質餐桌椅，讓軟硬裝皆呼應木質調主題、形成協調融洽的畫面，且隨處加入植栽點綴，營造清新的生活氛圍。

**4 立面劃出迴狀動線** 在家中規劃簡易小吧檯，並連結木牆立面，讓此牆做為餐器收納的展示牆，也同步串起與一字廚房的迴字動線，讓客廳、餐廚、琴房的互動感更提升，拉起玻璃門後，中廚區域就是封閉空間，可避免油煙散逸。

**5 木質與玻璃的異材拼接** 電視牆後方作為琴房，以全室木質調搭配麥褐色牆色、營造溫潤氣息，並善用臨走道的立面打造收納展示櫃，旁側銜接玻璃，讓採光可分享至外部，照亮廚房中島區，讓室裡外都更為明亮。

4

5

6

7

8

**6 灰與白交織簡約氣質** 臥室床頭以灰色襯底，搭配木質櫥櫃、灰白色床單，映襯出經典的無印風印象，並在床尾配置大容量衣櫃、滿足收納需求，櫃門採用長虹玻璃，將現代感建材融入木色空間中，締造通透的趣味。

**7 暖色光源烘托溫煦木紋** 床頭左側為無印良品的托盤茶几，右側則是小梳妝檯，創造小臥房中的多元功能，並安置舒適的暖色光源，以窗簾篩落採光，透過人造光源、自然採光的交織，讓寢室內的木色紋理更顯溫潤。

**8 木製備品櫃清爽收納** 在衛浴門外規劃木質收納櫃，讓更換衣物、浴巾、盥洗備品等都可置放在這裡，透過收納機能的外移，不僅讓出更開闊的衛浴坪數，也可避免物品濺到水的情況，並在地坪做出材質的細緻轉換。

# 把家化為
# 移動式書店

撰文 李亞陵　空間設計暨圖片提供 賀澤室內裝修設計工程有限公司

坪數

66.5
坪

木素材 鋼刷橡木皮、胡桃木、橡木地板、巴檀木水染木皮

其他 特殊漆、石材、霧面拋光磚

「幼兒園，是一個讓人快樂成長的場所」——設計師從日本建築師對幼兒園的設計理念取經，依循恆久耐住的觀點，以「孩子的玩樂基地」作為此間住宅的規劃主軸，突破了五顏六色、卡通玩偶等刻板印象，特別著眼於空間的佈局與色彩，創造出適合孩子成長、大人也自在的生活宅邸。在這個家中，人成了空間的主體。

格局上，將四房改為三房，透過一間房的拆解，模糊掉客廳與書房的制式範疇，模糊且拓大廳區領域，型塑更寬敞的公共空間，並讓光可隨心所欲流動，照進原先較暗的廚房。色彩方面，排除掉了花俏設計與鮮豔色彩，依循女主人「建材不要全部都是原木」的需求，透過鋼刷橡木皮、胡桃木、橡木地板、巴檀木水染木皮等運用，加入深淺各異的層次木紋、型塑視覺豐富性，打造出「無印良品」式的生活情境，尤其捨棄常見的超耐磨地板，選擇了節眼橡木地板，經由自然紮實的建材紋理鋪敘，使住宅更具自然風韻。

同時，藉由簡約設計凸顯「人」的主體性。針對超量書籍加入「書店」元素，在公共空間規劃兩大面鋼刷橡木皮書牆，並讓家具呈現隨興陳列，創造或坐或躺，自由移動的使用情景，讓居家不再僅提供日常起居，而是宛如書店一般的存在。且讓書牆做出等分切割造型，以立面構成公共場域的安定感，促使秩序美與彈性機能共存。

2

1 **木櫃牆打造居家圖書館** 客廳突破家具制式擺放形式，成為可供小孩自由活動的居家遊戲場，而針對屋主大量的藏書，則在電視周邊配置鋼刷橡木皮書櫃，用以收納大量書籍，鋼琴上方櫃體採用胡桃木皮，與廚房的廚櫃色彩做呼應。

2 **書牆與書桌一體成形** 客廳後方的書牆，同樣使用鋼刷橡木皮材質，形成前後雙主牆呼應，以頂天立地的櫃體造型滿足更大藏物量，同時考量到屋主有在家工作的需求，於櫃體旁側結合小書桌，形成一體成形的多功能牆面。

3

4

5

3　**深色木皮妝點簡約吧檯**　將一間房拆除，串起更大的空間感，也讓採光得以進入餐廚領域，同時拆除原建商的ㄇ型廚房，透過開放中島的配置，在吧檯側邊鋪陳巴檀木水染黑色木皮，以溫潤建材搭配寬闊場域，打造更舒適的使用情境。

4　**移動木門創造櫃體層次**　餐桌選用日本製的淺色實木餐桌，締造溫潤的用餐氣氛，並在旁側規劃系統櫃作為收納餐櫃，以淺色鋼刷橡木皮做斜紋處理打造滑門，再加入燈光提點，讓收納與展示表情更具變化感。

5　**木紋與磚面的異材趣味**　廚房地面鋪陳石紋六角磚，與餐客廳做出空間範圍的劃分，牆面中段則鋪貼水刀切割訂製壁磚，透過淺色的磚面色調帶出輕盈感，與原先較深的廚櫃木皮形成對比，圍塑清爽的料理空間。

6 **實木地板傾注自然風韻** 避免天地壁呈現相同顏色，加入深淺各異的層次木紋，型塑視覺的豐富性，並使用節眼橡木地板，相較起一般的超耐磨更具自然風韻，而廊道底端則配置儲藏間，門片選用木工處理，並做出線條修飾，隱去機能的存在感。

7 **淺色木紋放大空間感** 更衣間配置系統櫃，考量到空間偏狹小，選用淺色木紋定調櫃體，讓空間感可較為輕盈放大，地板則是實木地板，並導引主臥室落地窗採光，讓光線可照入更衣廊道內、補償明亮感。

8 **清爽實用的木工吊架** 主臥內也設有一間專屬書房，書桌檯面為木工處理，下方配置白色系統櫃滿足收納，並在壁面上方裝設木吊架，以木工搭配鐵件，可供置物與展示，背景牆面則選擇留白，形成清爽又實用的使用場景。

# 用綠建材合板
# 築起寶寶的安全童話樹屋

撰文 Joy　空間設計暨圖片提供 寓子設計

屋主購入了17坪住家作為一家三口的甜蜜小窩，由於短期間沒有換屋打算，因此除了希望能讓襁褓中的孩子在安全無虞的環境下成長茁壯外，同時期盼空間亦可保留不同年齡段變化的彈性設計。

「針對寶寶的健康考量與預算限制，我們一開始便建議屋主選用無毒的綠建材合板作主建材，這樣一來在裝潢後能夠大幅降低空氣中游離甲醛濃度，入住之後無需擔心室內空氣汙染問題。」寓子設計蔡佳頤總監表示。從主建材合板的木質調性開始，設計主軸環繞著森林樹屋的童話主題發想，用大量的白色、木質、淺綠三種色調，在空間中一點一點暈染出孩提時期幻想的那座專屬祕密基地。

由於住家格局方正、開窗多，室內顯得明亮舒適，客、餐廳採開放式設計，共享空間與自然光源。綠建材合板造型牆從客廳跨越過道、直至餐廳，整合廳區多種機能包含電視牆、餐廳臥榻、收納櫃、電器櫃等，不僅變身成為住家最有存在感的視覺造型主景，同時化零為整，將零散櫃體歸置於一處，搭配木紋明顯的立面表情，令居家表情更顯得賞心悅目、疏朗無壓。

設計師特別於公領域通往寢區過道天花、設計同為合板材質的斜頂造型，融入牆面、門片刻意塗佈的森林綠漆，隱喻場景機能的變化，轉換氛圍，當屋主回房睡覺往內走、就像自然步入童話樹屋一般，利用局部場景的戲劇性，令居家氛圍充滿濃濃童話氣息，讓大人小孩都陶醉其中。

1 **適度留白聚焦木造型牆** 設計師將背牆留白，凸顯合板造型牆作住家視覺焦點，利用百葉窗遮蔽客廳座椅後方開窗，方便屋主視情況調整自然光源；而靠近餐桌側的立面則規劃大收納櫃，以展示櫃與抽屜等不同形式呈現，可擺放屋主的大量藏書。

2 **健康合板建構森林樹屋** 為了迎接屋主夫妻與寶寶入住，居家空間環繞著健康、安全主題發想，選用無毒綠建材合板連結客、餐廳，描繪充滿童話氣息的森林樹屋輪廓。

**3 木紋、鐵道磚組構可愛臥榻** 廳區主題牆在餐廳位置規劃臥榻空間,搭配立體方型鐵道磚背景,與木紋表情碰撞出出乎意料的日系簡約可愛面貌。特別選用防寶寶碰撞的圓弧桌腳進口餐桌,搭配呼應森林主題的深綠色美耐板桌面,打造安全溫馨的用餐環境。

**4 木斜頂造型令整體視角更有趣** 從寢區望向公共廳區,被特有的樹木紋理包圍、就像從森林樹屋往外看一般,有趣的斜頂天花讓視角顯得格外可愛!客廳臥榻側板,刻意保留橢圓開孔,預留小朋友未來爬上爬下的安全探索通道。

**5 合板造型牆暗藏多元機能** 合板造型牆從客廳延伸餐廳,整合電視牆框架、餐廳臥榻與收納櫃、電器櫃等機能,令廳區更有一致性、不顯雜亂。造型牆上方不頂天,特意保留放置綠意盆栽、展示公仔等機能小空間。

**6 造型床頭板描繪山景意象** 為了符合睡寢機能，主臥空間以簡潔為主，規劃大量留白，沿用無毒綠建材合板打造床頭板與櫃體、梳妝檯。床頭造型呼應住家的樹屋主題，簡練線條營造山景意象。

**7 超簡潔一字型木質梳妝檯** 位於入口附近的梳妝檯，是由衣櫃延伸而來的橫向線條，上方可臨時懸掛衣物的鐵件掛勾。桌面從靠近櫃體的40公分漸縮至門邊的20公分，加強板材厚度，靠著櫃體與牆面支撐、省去多餘桌腳設計，充分活用有限空間提升機能性，令牆面表情更加簡潔。

**8 小孩房淺綠漆呼應森林主題** 由於裝潢期間寶寶還小，為了保留未來成長、甚至屋主的二胎可能性，小孩房只做了簡單的置物櫃體設計，同時以淺綠呼應住家主題、降低臥室低樑壓迫。

# Part 2

木素材形式面面觀

實木天然的質感與香氣，運用在居家中常可營造出自然、休閒、溫潤的氣氛，是它廣受喜愛的原因。左圖為正在做乾燥處理的原木，右圖為裁好的實木板。攝影©李永仁

認識木素材

# 實木

以整塊原木所裁切而成的木素材稱為實木，天然的樹木紋理不但能讓空間看起溫馨，觸感佳，更散發原木天然香氣。而木材能吸收與釋放水氣的特性，具有維持室內溫度和濕度的功能，進而打造健康舒適的居住環境。實木的種類多樣，可依木種呈現出不同的質感，不論是運用在地坪、天花，還是壁面或櫃體，甚至製作成個性化獨一無二的傢具，在居家空間中相當受歡迎。此外，實木天然的紋理與不同木種的顏色，也可搭配各種風格而呈現出多元面貌，適度平衡空間調性，營造自然溫馨的居家氣氛。

不過由於環保永續意識抬頭，對於森林資源的利用日漸嚴謹，除了高級木種如台灣檜木之外，就連緬甸柚木等產自東南亞的木種也因政府限制而減產，市面上的原木木材越來越稀少，也讓實木的價格年年增高。在台灣居家裝修中，實木常以整塊原始素材運用，如檜木、花梨木；或是做成實木木皮，運用在電視牆、客廳臥房牆面、櫃體門板、天花板等，常見的木種有橡木、柚木、梧桐木、栓木、梣木、胡桃木等。實木也可透過加工處理打造不同的木質效果，如以鋼刷做出風化效果的紋路，或是染色、刷白、炭烤、仿舊等處理。

## 實木製作流程

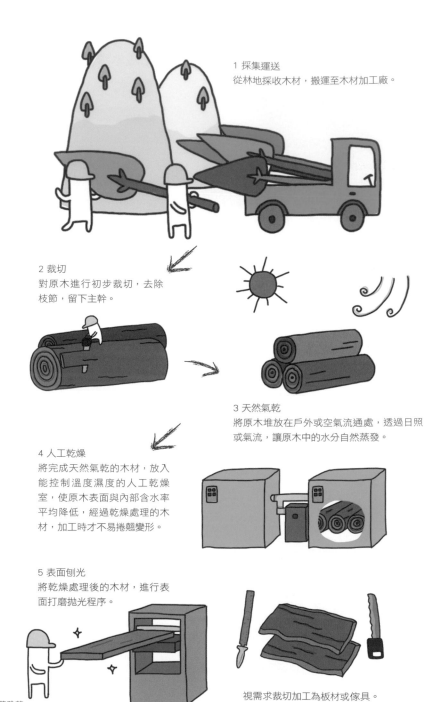

**1 採集運送**
從林地採收木材，搬運至木材加工廠。

**2 裁切**
對原木進行初步裁切，去除枝節，留下主幹。

**3 天然氣乾**
將原木堆放在戶外或空氣流通處，透過日照或氣流，讓原木中的水分自然蒸發。

**4 人工乾燥**
將完成天然氣乾的木材，放入能控制溫度濕度的人工乾燥室，使原木表面與內部含水率平均降低，經過乾燥處理的木材，加工時才不易捲翹變形。

**5 表面刨光**
將乾燥處理後的木材，進行表面打磨拋光程序。

視需求裁切加工為板材或傢具。

專業諮詢__德豐木業 插畫__黃雅芳

加工法及延伸製品

# 風化板

早期的風化板是以噴砂磨除方式製造而成，但製作成本較高，現在則多利用鋼刷方式做處理。風化板是利用滾輪狀鋼刷機器，磨除紋理中較軟部位的同時，也增強天然木材的凹凸觸感，創造更粗獷的原始效果，其自然色澤更能將平庸的空間變得溫潤感性。其實每種木種都可以作為風化木，但因為梧桐木最便宜、生長快速，因此是目前最常見的素材，另外也可見到南美檜木、雲杉、鐵木杉、香柏等木種在市場上流通。

風化板有實木板和貼皮夾板兩種，前者常見尺寸為1m×8m，厚度約7～8mm；後者尺寸為4m×8m，厚度約4～5mm。若遇特殊需求，也可要求訂製特殊尺寸。價格方面，風化板是以「片」來計價，依不同木種價格也有所差異，以1m×8m為例，梧桐木風化板每片價格約NT.500元、南美檜木風化板每片價格約NT.1,000元；香柏風化板除了具紋理外，還能產生淡淡香氣，價格較高，每片價格約NT.2,000元。

風化板的屬性與其它木料相同，一樣怕潮濕、怕溫差變化過大，甚至怕油煙，所以較適合貼覆於室內乾燥區塊的壁面、天花板、櫃體或桌面，至於廚房、衛浴間則較不適合。另外，梧桐風化板質地較軟，較不適合作為地板材，避免踩久或傢具壓覆其上而造成凹痕。

使用風化板做裝飾時，可上層保護漆或透明漆，較不易因毛邊刮傷自己。另外在清潔上，由於是利用鋼刷製造出紋理，凹凸肌理之中難免卡灰塵，建議可使用軟毛刷乾刷，且以輕刷方式做清潔，來維持風化板的整潔。

# 木地板

質感溫潤的木地板，是很多木感居家地坪材質的首選，可依照屬性以及構成的方法，分為整塊實木型以及複合式實木地板（又稱海島型木地板），而戶外使用的木材與室內的要求和功能不同，大多經過防腐處理。一般而言，每一類的木地板又可依照木種、樣式而有不同的款式。地板的價格，主要是以上層用的木材及表層木皮的厚度來決定的，油質高、抗潮性較佳的樹種如檜木、紫檀木及花梨木等，相對價格較高；而櫸木、橡木、楓木等抗潮性較差的樹種，價格較低。

由於台灣的氣候較為潮濕，實木地板雖然質感較佳，但抗潮性差容易膨脹變形始終為其缺點。因此，目前在市面上較多見的多為海島型木地板，價格較實木地板便宜，抗潮性佳也特別適合潮濕的台灣氣候。

## 實木與複合式實木地板的比較

| 種類 | 實木地板 | 海島型實木地板 |
|---|---|---|
| 特點 | 1. 整塊原木所裁切而成。<br>2. 能調節溫度與濕度。<br>3. 天然的樹木紋理視感與觸感佳。<br>4. 散發原木的天然香氣。 | 1. 實木切片做為表層，再結合基材膠合而成。<br>2. 不易膨脹變形、穩定度高。 |
| 優點 | 1. 沒有人工膠料或化學物質，只有天然的原木馨香，讓室內空氣更怡人。<br>2. 具有溫潤且細緻的質感，營造空間舒適感。 | 1. 適合台灣的海島型氣候。<br>2. 抗變形性能比實木地板好，較耐用，使用壽命長。<br>3. 減少砍伐原木，且基材使用能快速生長的樹種，環保性能佳。<br>4. 抗蟲蛀、防白蟻。<br>5. 表皮使用染色技術，顏色選擇多樣，更搭配室內空間設計。 |
| 劣點 | 1. 不適合海島型氣候，易膨脹變形。<br>2. 須大量砍伐原木不環保，且環保意識抬頭，原木的取得不易。<br>3. 價格高昂。<br>4. 易受蟲蛀。 | 1. 香氣與觸感沒有實木地板來得好。<br>2. 若使用劣質的膠料黏合則會散發有害人體的甲醛。 |
| 價格 | 依木材的種類及尺寸不同，大約NT.5,000元～ 30,000元／坪 | 依木材的種類及尺寸不同，大約NT.3,000元～ 15,000元／坪 |

## 實木地板 Q&A

**Q1 實木地板應該選那些木種會比較適合呢？**

A：掌握一個基本原則，即油質性高的木種抗潮性佳。實木地板通常鋪設在臥室與書房等空間，如果想要在環境濕度較高的地方鋪設木質地板，建議選擇含油質高、且抗濕性較高的柚木、花梨木和紫檀木等，其次是抗潮性較普通的欅木、橡木，盡量要避免選擇抗潮性較差的楓木、樺木和象牙木，以免地板變形。

**Q2 地坪施工有什麼最應該注意的事項嗎？**

A：在施工時，也必須注意底得打得好不好，比如骨架的寬與細通常就會有影響，而甲板等基材是否經過防腐與防蟲處理也是值得注意的地方。另外也建議要先確認地板狀況，比如原來的地板如果為磁磚，那麼就要確定是否有與原結構面密貼，如果底面太過鬆軟，那麼不管是平鋪或架高處理，釘子將會和地面無法釘合。

**Q3 實木地板該怎麼樣保養比較恰當？可以直接拿濕的拖把清潔嗎？**

A：實木地板的清潔千萬不要用過濕的拖把或抹布清潔。由於木地板怕潮濕，再加上台灣屬於潮濕的海島型氣候，所以平日清潔記得使用擰乾的濕抹布或拖把清潔，甚至只使用除塵紙將地坪上的灰塵擦乾淨即可。若使用濕式清潔方式，恐怕會縮短實木地板的壽命，讓木地板因受潮而變形。

## 海島型木地板 Q&A

**Q1 施工前一定要鋪設防潮布嗎？其作用為何？**

A：在木地板施工前，地面要先鋪設一層防潮布，防潮布得先鋪設均勻，兩片防潮布之間要交叉擺設，交接處要有約15公分的寬度，以求能確實防潮。鋪設防潮布的原因正如字面上的字義所示，就是為了避免木地板受潮，延長木地板的壽命與使用年限。

**Q2 海島型木地板該怎麼樣清潔比較好？**

A：由於木地板怕潮濕，所以平日清潔記得用擰乾的濕抹布或拖把清潔，盡量不要讓水分停留在木地板上過久，以免地板受潮。另外，靠近浴室附近的區域，記得也要先在木頭縫隙作防水處理，以免日後木地板受潮變形。

**Q3 施工時應該注意什麼，才能避免日後地板在踩踏時會發出聲音？**

A：地板踩踏會有聲音主要發生於架高式的鋪設方式。在施工時，可注意角材與地面結合力是否確實，角材間距大或者板子厚度不夠、板子之間的距離太近、底板與地板著釘不確實，都是造成踩踏有聲音的原因。

符合環保趨勢的集成材，可運用在建築結構、室內裝修及傢具製作上，用途廣泛，混搭顏色紋路所呈現出來的木質感，也深受許多人喜愛。　攝影©李永仁

認識木素材種類
# 集成材

近十年來集成材被大量運用，集成材可說是木素材使用的必然趨勢，甚至可說是百年來無法被取代的木料之一。其無法被取代的原因主要是森林砍伐限制，木頭取得不易；其次是相較須耗費多年時間長成的大塊實木，集成材利用三～四片（甚至更多）木料接成，加工快速，延伸性高，且木頭損耗低，可降低成本，因此無論在裝修、傢具或建築上，甚至裝修用的角料也多是集成材，因此運用十分廣泛。

集成的概念最早是由榫接將有限木料拼接成較大木板之用，例如三峽祖師廟的大門即是如此，而現今則多是以膠水結合取代傳統手法。當然，採用膠合必須注意所用黏劑是否有甲醛超標問題。集成材的保養與實木相同，用於室內可以護木油或呼吸漆保護，若不接近水源也可不上塗佈；若使用於戶外則必須以室外用護木油塗裝，或經防腐處理。

在室內裝修範疇，坊間集成材種類相當多，包括柚木、松木、柚木、北美橡木等，集成材可用來製作面積較大的工作桌、進口廚具的中島，或是用來裝修大面積的天花板。集成的方式影響表面的質感，一般而言，採用越大塊的木料去集成，表面質感越細緻，效果也越自然，因此集成木料越寬、越厚，成本也越高。

而集成材運用在建材上，尤其影響近代木構造建築，所用木料有進口，也有國產。台灣產為台灣特有種的杉木，而進口則多見北美花旗松，其為一級結構材。使用集成做成的結構柱，不受木頭大小限制，甚至加工做成寬一百公分、高六公尺的尺寸都行，也能依照需求設計為四方柱、圓柱或八角柱等。

## 集成材製作流程

專業諮詢__德豐木業
插畫__黃雅方

**1 採集運送**
從林地採收木材，搬運至木材加工廠。

**2 裁切**
對原木進行初步裁切，去除枝節，留下主幹。

**3 天然氣乾**
將原木堆放在戶外或空氣流通處，透過日照或氣流 讓原木中的水分自然蒸發。

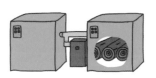

**4 人工乾燥**
將完成天然氣乾的木材，放入能控制溫度濕度的人工乾燥室，使原木表面與內部含水率平均降低，經過乾燥處理的木材，加工時才不易捲翹變形。

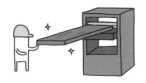

**5 表面刨光**
將乾燥處理後的木材，進行表面打磨刨光程序。

**6 強度測試**
以木槌或鐵鎚敲擊木板的一側，利用麥克風收音，將音波資料傳入傅立葉頻譜分析儀，分析縱向共振頻率，測試木材的均質程度，非破壞性分等。這個步驟多用於結構材分級檢測。

**7 木材分級**
透過非破壞性分等，依彈性模數高低將木材分為內層用、外層用與等外材。等外材不用於結構用途，而轉為裝修用途。

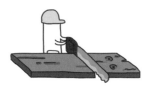

**8 去除缺點**
將木材的木節等缺點去除，並裁成均質的木塊或木條。

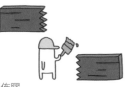

**9 指接佈膠**
將木條一側裁成鋸齒狀，塗膠黏合，接合處就像手指交叉的樣子，能增加密合強度。使用的接著膠依據集成板材的木種與用途而有所不同。

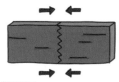

**10 指接接合**
對膠合的板材施加壓力拼合，達到所需壓力就停止，使之更為密合。

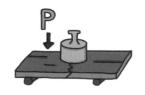

**11 檢驗指接強度**
在集成板中間加壓，測試指接強度與拉力。

**12 層積膠合成結構用中大截面構材**
將經過品質與強度區分後的集成元木薄板，使用結構用膠合劑，以適當的層積壓力，將集成元膠合成結構用中、大斷面構材。

加工法及延伸製品

# 認識環保標章慎選集成材

木材膠合時使用的黏膠，成分就含有甲醛，根據2004年世界衛生組織（WHO）發佈的第153號公報指出，甲醛是確定的致癌物質，長期吸入甲醛會產生中毒症狀，引發過敏反應、癌症病變，與毒空氣長期接觸下，輕則神經系統受損、記憶混淆，抵抗力降低，嚴重者易產生腎功能障礙、氣喘發作、腦病變等。因此選擇建材時，要特別留意甲醛的濃度與含量，若要使用綠建材，也要注意以下幾點：

一、注意產品的成份說明

不論是國內外的綠建材產品，產品的甲醛逸散等級或所使用的總揮發性有機物質化合物（TVOC）濃度、VOC含量皆須符合綠建材標準的規範，如膠合板材應為F3等級以上（F2、F1）、膠合木角料為F3等級以上（F2、F1）、系統櫃粒片板材為E1等級以上（E0、SE0），講究一點應該選擇市售常見等級高一級以上（F2、E0等）較為環保健康。

二、是否具有國內外相關綠建材認證

除了已通過國內綠建材標章認證的本土、進口產品，部分進口產品可能在諸多因素考量下未送件檢查，但可能在出產國、生產製造地已通過審查取得相關綠建材標章認證。目前國際上具公信力的綠建材標章認證，包括德國藍天使標章、北歐天鵝環保標章、日本Eco-Mark標章、加拿大Eco-Loco標章，以及美國的GreenGuard、GreenSeal、Green Sure標章等，是選購綠建材的一大指標。

## 綠建材

第一屆國際材料科學研究會在1988年提出「綠色建材」的概念，其中「綠色」乃指其對永續環境發展的貢獻程度。到了1992年國際學術界才為綠建材下定義：「在原料採取、產品製造、應用過程和使用以後的再生利用循環中，對地球環境負荷最小、對人類身體健康無害的材料，稱為『綠建材』」。

國內綠建材標章制度依此，進行四大範疇規範。健康綠建材，指的是不會危害到人體健康的建材，目前針對室內建材以低甲醛、低揮發性有機化合物（VOC）逸散為評估指標。生態綠建材則是該建材從生產至消滅的全生命週期中，以消耗最少資源、能源、低人工處理並具可廢棄再生特性者。再生綠建材部分，利用回收材料經再製過程，所製成之再生建材產品，且符合廢棄物減量、再利用及再循環的3R原則。至於高性能綠建材，指的是能克服傳統建材與組件性能的缺點，有效提升品質的性能優越建材、組件。

二手木的來源多為廢棄老屋的建材、木門窗、木箱、枕木、棧板等,材質種類眾
多,保存狀況不一,選用時要多花時間比較挑選。攝影©蔡淞雨

使用回收二手木製作的傢具，價格也許不比使用全新相同木種便宜，但多了歲月刻畫的洗鍊感。©蔡淞雨

認識木素材種類
# 二手木

許多人喜歡木材質的觸感溫潤，但考量木素材的價格及維護，現在也很流行使用二手木素材，甚至許多愛好者會直接到二手木材行去買回收木素材製作傢具，價格比全新木材便宜個三到五成，也是環保又划算的做法。由於使用二手木材必須再整理，運用於裝修上會比使用新木材花更多的時間、但是價格就比新木材便宜許多，而且呈現出來的效果比起仿舊處理更有味道，也切合永續利用的環保價值觀。

二手木材的來源，大多是使用過的木箱、棧板、枕木、房屋建材、老屋木門窗等等，因此使用處理二手木材會比使用新木材花更多的時間，但是價格便宜許多，同樣預算可以買更多二手木材，木材的價格是以重量計價，大約15～20元／斤。

舊木材行多位於偏遠地區，回收木料擺放較亂，一疊疊堆放，挑木料時不要怕麻煩，可請老闆將適合尺寸的板材一片片拿出來看木紋花色，要多留點時間逛，才能找到好的二手木材；此外，各舊木材行回收的木種都不太相同，有的有進口材，有的只有台灣在地回收木材，如台灣紅檜、肖楠、福杉、台灣杉等，木紋花色與軟硬度不同。二手木材行通常沒有宅配服務，大部分要自己去載木材，但也不用擔心大塊的木材自用車會載不下，店家幾乎都提供裁切服務。

台灣二手檜木板材最搶手，因為台灣檜木香氣宜人，且年輪較密，國外的檜木樹種不具香氣或很淡，年輪也較鬆。台灣檜木板材多來自老房子樑柱建材，穩定度較高，不易變形，二手檜木1才約NT.300元；一塊長240～300公分，寬70～90公分，厚5～6公分的二手檜木板材，約要3～4萬元。

二手回收舊木材表面通常會有髒汙、粗糙、有釘孔，挑選二手木材時必須多看多注意；而表面髒汙及粗糙可以用砂紙機、電刨來處理，只要多花一點時間及功夫，二手木材就可以煥然一新，不過有些人就愛舊木材的粗糙感，只要將粗糙表面稍微磨一下、再上漆，就可以表現較粗獷的木質感覺。

---

### 修復二手木上的釘孔

二手木材上如果有釘孔是可以補的，一般來說使用白色補土後再用乳膠漆上色，就能讓釘孔消失，建議補釘孔時先用白色乳膠漆當底，這樣就可以把白色補土的顏色蓋掉，之後再上其它顏色。

---

木的加工與施工法
# 實木貼皮

目前實木貼皮分成「天然木」與「人造木」兩種。人造木是以後製加壓的加工方式所製成的木料,紋理和色調可人為控制,木紋走向較一致,一般多採順花拼的方式貼皮。而天然木皮為自然生長無法控制,木紋線條難以預期,多採合花拼的方式貼合,以平衡整體的視覺效果。

現在也有廠商在工廠預先製作完成的木皮板,無須在現場施作貼皮,更省時環保,也較能確保品質。要注意板材數量要一次進足,由於每批板材的商品顏色都會些微差異,在進貨時要事先估算好足夠的數量,避免二次進貨,導致紋路與色澤會有不同,影響整體美觀。

---

## 實木貼皮施工必知重點

### 貼前確認施作面平整度
擦去施作面上的灰塵粉粒,若有坑洞則可先補土磨平使表面平整光滑後,在施作面塗上黏著劑後黏貼。

### 做好防水處理
不論是哪種實木加工品都有木頭怕潮的缺點,因此在靠近浴室附近的區域,要先在木頭表面或縫隙做防水處理,防止日後變形。

### 表面上一層保護漆
建議使用實木板或風化板做裝飾時,可上層保護漆或透明漆,較不易因毛邊刮傷自己。

## 環保塗裝木皮板製作流程

1 裁切原木
將原木以H形鋸成5個部分。

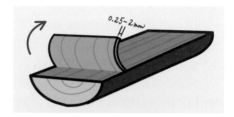

2 角材刨切成木皮
取裁切後的上下兩塊木料，
依需求厚度從25條（0.25mm）
到200條（2mm）都有。

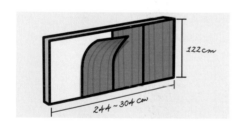

3 將木皮背面塗膠貼覆於素面底板上
底板厚3mm ～ 24mm，
尺寸122cm*244cm ～ 304cm。

4 上漆塗裝
可上透明環保漆或推油處理。

插畫＿＿楊晏誌

註：木皮在上漆塗裝前，可依需求進行表面效果加工，使木紋更為自然真實，有鋼刷、
鋸痕、填粉、煙燻、亮面等加工法。

# 用木皮板做出拼貼效果

常見的拼貼方式有自然拼法、實木拼法和文化拼法三種。若將空間當成突顯傢具傢飾的背景，不妨選用全直紋的木皮板，不刻意對花採取不規則的「自然拼法」，展現明快疏朗的空間質感。

若喜愛木材天然的紋理質感，可選擇將直紋與山型紋交錯拼貼的「實木拼法」，揉和兩種紋理的實木拼法，讓木紋走向更加多元富變化，色澤的層次表現也更豐富，呈現空間的自然質感。

而「文化拼法」更加大膽，每片拼接的木皮無論長或寬都以不規則的方式排列，紋理的對比度、色澤的跳躍性更強烈，用於大面積鋪陳時，能展現個性與活力，多用於商用空間，吸引眾人的視覺目光。

利用木皮板拼貼，做出寬窄變化及表面紋理深淺效果，讓木牆表情更加生動活潑。圖片提供©大晴設計

# 木地板施工

一般來說，只要是關於「木」的部分，都算是木工師傅的施工範圍，不過近年來因木地板有專業廠商提供連工帶料的施工服務，因此有些木工師傅若做統包時，也會承接這類案子，再外包給木地板廠商施工，價格會比直接找地板公司貴。木地板的施工方式眾多，若想比價，一定要以相同材質、工法以及是否皆為連工帶料等為依據，才能做出準確的比較。

好的木地板施工品質，不僅行走起來舒適，視覺感受也更加溫潤。圖片提供©珥本設計

## 木地板施工方式

**1 平鋪式施工法**

先鋪防潮布,再釘至少12mm以上的夾板,俗稱打底板。然後在木地板上地板膠或樹脂膠於企口銜接處及木地板下方。通常以橫向鋪法施作,其結構最好、最耐用又美觀,能夠展現木紋的質感。

**2 直鋪式施工法**

活動式的直鋪不需下底板。若原舊地板的地面夠平坦則不用拆除,可直接施作或DIY鋪設,省去拆除費及垃圾環保費,且木地板也比較有踏實感。

**3 架高式施工法**

通常在地面高度不平整或是要避開線管的情況下使用,底下會放置適當高度的實木角材來作為高度上的運用。但整體空間的高度會變矮,相對而言,較費工費料,施作起來的成本也較高。且時間一久,底材或角材容易腐蝕,踩踏起來會有異樣擠壓聲音或有音箱共鳴聲。

## 木地板施工必知重點

**施工前先整地**

在鋪設木地板前需注意地面的平整以及高度是否一致,建議可先整地,鋪設起來較順利。

**先鋪防潮布**

在木地板施工前,地面要先鋪設一層防潮布,兩片防潮布之間要交叉擺放,交接處要有約15公分的寬度,以求能確實防潮。

**預留伸縮縫**

選用木地板要考慮溼度和膨脹係數,因為這是影響木地板變形的主因。在施作時要預留適當的伸縮縫,以防日後材料的伸縮導致變形。

---

### 木地板監工守則 × 4

**1 施工前木地板材不拆封**

鋪設施工的48小時前,先將木地板置放在房間中央,不要將未拆封的地板放置在高溫高溼的環境。

**2 完工後確認是否密合**

先試著走走看,如果有出現聲音則需重新校正,並確認房門是否能正確開闔。

**3 直鋪式地板要與原結構密合**

若原本的地板為磁磚,要確定是否與原地面密貼,以及地面是否太鬆軟。

**4 檢視地板接縫的大小**

檢視地板有無瑕疵凹凸或邊緣有高低差,地板接縫大小是否一致,或表面有掉漆或塗抹不勻稱。

# 木素材的清潔保養

木地板的保養方式主要是注意防髒、防潮溼等。可在入口門外放置腳踏墊，防止把砂粒、泥土帶入室內。室內的溼度盡量不要有太大的變化，減少地板的自然膨脹和收縮過大。建議平日以擰乾的溼布清潔，並保持通風或使用除溼機，即可延長木地板的使用壽命。

不論是板材或集層木地板都為實木製成，建議表面需定期塗上木器漆或護木油，保護木材表面不被水氣入侵。

 **常用木素材清潔保養法則**

| | |
|---|---|
| **1 以微溼的抹布擦拭** | 實木的加工品不應接觸過多水氣，平時以微溼的抹布擦拭即可。 |
| **2 上蠟保養** | 實木板或木地板可定期塗抹保護蠟以降低灰塵與表面的附著力，而實木貼皮外層可上木器漆等保護水氣侵入。 |
| **3 避免日曬雨淋** | 由於實木製品過於乾燥會膨脹裂開，要避免陽光直曬，保持通風，而雨天時要記得關窗，以免浸水泡爛。 |
| **4 避免放置過重傢具** | 木地板怕刮傷，所以要避免安置過重的傢具或物件。表面不耐碰撞，建議可盡量少挑選有輪子的傢具。 |
| **5 以軟毛刷簡單擦拭** | 風化板是利用鋼刷製造出紋理，凹凸肌理之中一定容易卡灰塵，建議可使用軟毛刷乾刷，且以輕刷方式做清潔，來維持風化板的整潔。 |
| **6 打磨去掉頑垢髒汙** | 梧桐木本身毛細孔較大，若有髒汙易吃色。以梧桐木製成的風化板若有難以去除的髒汙，可重新打磨後上漆。 |

# Plus　認識合板類板材

## 夾板

由於木材具有「異方性」，所以常有翹曲變形，開裂，隨乾濕而收縮膨脹等各種缺點，為防止這些缺點，用捲切法製成的單板，按木理方向垂直交叉重疊膠貼，再以熱壓機壓製，即為夾板（或合板）。現今的室內裝修，大多數是以夾板與實木組合製成，如大面積的辦公桌，餐桌桌面，櫥櫃的側板，門板等，均採用夾板製作。

最常見到的夾板，是由三片單板膠貼而成，最上層為面板，材面較佳，中層為心板是較差的單板，最下層為裡板，材質次於面板，夾板的厚度由3mm～3mm，一般每隔1.5mm有一尺度，超過15mm厚度時，通常增加心板層數，同樣地按木理方向垂直重疊膠貼，但必須是奇數層，以使最上層與下層的單板同一木理方向，有三層、五層、七層。夾板的規格常因外銷需要，而以英制為其主要規格（規格請參見P.220）。

### 貼皮夾板

夾板本身在出廠時表面貼木皮，施工時可直與角材結合，面塗油漆即可，不必膠釘合板再貼木皮，十分省工，也可保持面層施工水準，尺寸大小與一般夾板相同，較常用有檜木夾板、樟木夾板、柚木夾板、栓木夾板，紫檀夾板，以衣櫃內板及木隔間面板用得最多，故單元尺寸應力求與規格配合。

### 印花夾板

將夾板面貼印花PVC皮紙，花紋有真木紋型（如柚木、栓木、橡木、檜木、花樟木等）、圖案型及素面型三種，以夾板作隔間、門扇、天花板、傢具板等，主要優點為價格經濟，表面紋路色澤因為印刷，故表面花色一致，但需注意保養，選用木紋型及素面型較實用，尺寸厚度同夾板材規格。

### 防火樹脂面夾板

夾板面覆防火樹脂層如美耐皿層也叫防火板，表面光亮，不耐撞擊，有素色及彩色花紋兩種，白色最常被使用，如麗光板，保麗板即是，大批製造可指定顏色，一般用作廁所，廚房天花板，傢具框內板，抽屜，亦可用在切割組合藝術壁板，因麗光板耐水性不高，不可用在潮濕處如洗面盆檯面。

### 企口夾板

企口夾板可分為：一、面貼真木皮，二、面貼印刷花紋、皮紙兩種，底層皆為夾板。企口板優點為打破夾板表面的單調無變化，由企口間距及溝槽變化產生更美的感覺，面貼印刷皮紙的企口夾板有些價格低廉但印刷花紋不佳。貼有真木皮的樹種有檜木、台灣檜木、日本、栓木、鐵杉，泰國柚木、胡桃木、日本白橡木、台灣雲杉木等。

3分夾板

木心板

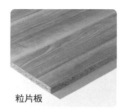
粒片板

纖維板

# 木心板

木心板是上下最外層以三厘米厚合板為基礎，兩合板中間鋪以長寬不等，但厚度一致的木心，佈膠後施以熱壓，壓製而成。木心板同樣具有合板的各項優點，而其價錢通常較合板便宜，而木心以廢料製成，達到廢物利用的目的，木心板合板同樣是室內裝修的主要材料，特別是木心板的釘接力較強。常用的木心板規格，其長寬和合板大致相同，唯厚度製成3/4（18mm）較多，如需要其他厚度的木心板時必須向生產製造廠訂製。

# 粒片板

粒片板又稱塑合板，它也是人造板一種，是利用木材碎片、鉋花等廢料，將其搗碎成一絲絲纖維狀，摻上膠合劑後以熱壓，壓製而成。粒片板的優點有：一、密度均勻，不會伸縮變形。二、無纖維方向，施工鋸切時不易碎裂。三、使用廢料壓製而成，價格更為低廉。粒片板可用於製造傢具、櫥櫃、裝潢、壁板等，粒片板常以實木封邊，以作為傢具櫥櫃，桌子的收面，表面再貼飾單板（薄片）或美耐板，增加美觀和耐用，建築房屋的裝潢隔間，天花板等，也常用粒片板製作。

# 纖維板

纖維板的性質與粒片板大致相同，所不同的是粒片板以絲狀木碎片製成，而纖維板以精製的木纖維製成。纖維板在壓製時，常製成各種花樣的浮雕，以增加立體感，用在牆壁嵌板或隔間材料時，更富價值感，有網小孔洞的吸音纖維板，常做為教室或會議室的天花板材料；纖維板不宜用在室外或潮濕地方，以免受潮濕使纖維板軟化膨脹而彎曲變形。

---

## 合板面面觀

優點

1. 不易翹曲變形，開裂。
2. 長寬方向的強度相同，加工利用時，不像實木般受木材「異方性」的限制。
3. 可以視需要製成各種不同規格的尺度。
4. 可以製成寬大的板面。
5. 製造合板時，可以同時除掉天然木材的各種缺點，確保合板品質。
6. 加工製作傢具時處理容易。

缺點

1. 受潮濕時易使各層膠合面鬆裂，避免用於室外，浴室等潮濕地區。
2. 釘接時易使各層鬆裂而使釘接不牢固。
3. 製作榫接種類受到較多的限制。
4. 修整或砂磨時容易過量而露出內層，造成板面木理方向垂直交錯而不一致。
5. 各層之間有膠合劑，加工鉋削時刀具易於磨損，甚至產生缺口。

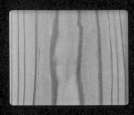

**Part 3** 空間設計常用木種及運用

# 檜木

## 質感細緻防蟲防腐

檜木是柏科（Cupressaceae）、扁柏屬（Genus Chamaecyparis）的大喬木，主要生長在高緯度或高海拔且年降雨量在3,000～4,000公釐的區域，一般都生長在環太平洋地區。全世界的檜木只有六種，兩種在台灣（台灣紅檜跟台灣扁柏）、兩種在日本（日本扁柏、日本花柏），另外兩種在美國西海岸（美國紅檜、美國黃檜）。

一般稱為「台灣檜木」的木種，包括台灣紅檜及台灣扁柏。台灣紅檜為台灣特有種，與扁柏相比，紅檜木料顏色偏紅，且木質較為鬆軟，因此多用於裝修板上，如壁板、天花板，早期傢具商也經常使用紅檜貼皮增加質感。除了具有檜木天然防蟲防腐特性外，紅檜的香氣也相當迷人，味道聞起來也較扁柏來得香甜輕柔，加上本身天然紋理優美，經過刨光處理就相當漂亮，也能依照喜好進行噴砂、染色、碳化等表面處理。市場上，紅檜產品相當多元，除了實木，也有貼皮板材、集成材等，較少作為結構材。

由於台灣人熱愛台灣檜木，加上早期濫伐而量少價昂，台灣檜木早已禁止砍伐，因此市面上所謂的「台檜」，除了少數盜伐，不少都是海外進口充混，經常可見不肖商人將他種木料噴以仿檜木香氣的化學香精，以謀取利潤，購買時不可不慎。目前流通較廣的紅檜，應屬「北美紅檜」，與台灣紅檜相比，無論色澤、木紋、質地、重量，甚至香氣都十分相近，唯香氣較淡、質地較鬆，亦是深受喜愛的木料之一。市場上還有越檜及寮檜兩種木料，它的學名是福建柏，為柏科針葉樹，與檜木同科但不同屬，福建柏的木紋與台灣檜木相近，差別是木頭氣味不同，也常作為台檜的替代木種。

檜木在市場上屬較高級的木材，因此價格較美西赤柏、花旗松等都要來得高，等級也依照木節多寡分成一至三級；此外，採購時要注意木料是心材還是邊材，邊材俗稱「白標」，色澤較淺，為外圍新生成的木料，強度與防腐性表現略差。

弦切面

徑切面

**適合風格** 和風｜中國風｜鄉村風

**板材價格** 價格隨種類、產地、原木大小、心邊材等條件變動

**五星評比** 吸溼耐潮度 ★★★★☆　耐磨耐刮度 ★★★★☆

　　　　　　木紋繁複度 ★★★☆☆　價格親和度 ★★☆☆☆

　　　　　　保養難易度 ★★★★☆

為呈現珍貴台灣檜木的質感原貌及天然香氣，裁切成長條後僅手工用銼刀砂紙
磨過，表面未多做處理，並讓粗糙不平整的那面向外，自然散發台檜高貴大器
的質感。圖片提供◎非關設計

來自北美洲的黃檜，生長於華盛頓州、溫哥華以北一直到阿拉斯加的海岸線，由於產地氣候較冷，生長速度慢，因此紋理比起台檜密且乾淨，加以北美洲人造林認證制度完整，可以確保取得來源為永續林，能符合永續利用的環保概念。雖然黃檜紋路密度高，但質量卻很輕，其厚板一般用於製作傢具，薄板則可應用於地板或壁板裝修。雖然本身木質偏軟，但其強度、韌度夠，也相當適合製成結構材。

黃檜色淺、吸水率快、顏色均勻，上色表現相當優異，各種深淺的染色處理都相當適合，不少室內裝修會把它染成橡木色或柚木色；不過，由於黃檜表面紋理細緻，使用鋼刷、噴砂等處理，較難產生紋理效果，做粗獷面表現有違材料本身特性，較適合刨光處理，其光滑面在光線照射下會散發出金黃色澤，使用於空間中相當雅致。

黃檜本身具有天然防腐，但香氣和台灣人熟悉的檜木略有不同，有些人會覺得較「辣」，剛裁切時的味道很濃，但一陣子就會趨於和緩，如果無法接受強烈的氣味，可使用膠封處理過的板材。不過通常還是建議以原木面表現，讓人可觸摸到木紋，同時也保存香氣，唯一要注意的地方是，黃檜用在地板或餐桌時，若食物或飲料打翻在上面，容易吃色與產生水漬，須用護木油進行表面保養，而碰觸不到的天花板可以不用。

市場上黃檜產品相當多，有實木、膠合樑、木皮、拼板等，其中尤其推薦黃檜拼板，黃檜拼板是由切割後的黃檜剩料以膠合方式重新製成的板材，不但具有黃檜本身的優點與特性，又是回收再利用的材料，更環保概念。黃檜拼板分為室內用與室外用兩種，用於室內與戶外的膠劑有所不同，室外膠劑可防水、防裂，但成本高、甲醛含量也較高，因此購買時要特別注意。

上 以回收檜木拼接成餐桌，重新烤漆上色，仿造有如胡桃木的穩重感，呈現較為深暗的色調，並與紅磚牆相得益彰，在陽剛風格之中注入溫厚質感。圖片提供©日作空間設計有限公司

左 天花採檜木鋪設，從玄關一路延伸至餐廳，形成場域串連，並加入隱藏間接光源提升輕盈感，運用帶狀設計拉長整個空間尺度，與一旁木質立面產生線條的對話。圖片提供©日作空間設計有限公司

將原本位置不佳的樓梯挪至前端，賦予彎曲圓弧造型，梯體踏階鋪貼直紋檜木皮，扶手則以檜木實木打造，構成空間焦點，且兼具屏風功能，解決進門直視廚房、後院的風水禁忌。圖片提供©日作空間設計有限公司

臥房空間的天地壁採用三種木料，地板散發出金黃色澤為黃檜的原木色，而天花板與樑則為北美花旗松。圖片提供©考工記

上　採用檜木鋼刷木皮板作為餐廳牆面
主題之一，硬木特性讓細如髮絲的紋理
凹凸有致，對比另一牆面的頁岩質感採
拓岩，一冷一暖，表面觸感也不同，讓
用餐空間更有溫度。圖片提供©大晴
設計
右　不為了符合和室地坪大小而將榻榻
米進行切割，設計師這次改以檜木為地
板進行「收邊」，給予空間不同的變化
性。櫃子則以鐵刀木皮作木條變化，不
僅修飾門縫的位置，也為空間增添沉穩
內斂感。圖片提供©尚藝設計

上　採用紫檀染柚木色地板，檜木原木桌板營造自然粗獷感，壁面配色則與柚木色相融合的洋紅色，偏暖色系的壁色跟淡雅的寒色系主體沙發相襯，高明度低彩度的配色，洋溢一股淡淡的幸福況味。圖片提供©德力設計

左　長廊以水平帶狀開窗引入後山的景緻，角落設置既是閱讀桌也是平台，地板與桌板皆採用黃檜，僅使用護木油處理。圖片提供©考工記

上　以板岩磚鋪陳的衛浴空間，以帶狀鏡面放大空間，並使用經防潮處理的劍柏作為衛浴天花板，搭配具防霉效果的五合一乾燥除濕設備，及量身訂製的方型檜木浴缸、南方松踏板，白橡木皮浴櫃，讓空間展現度假休閒的氛圍。圖片提供◎相即設計

右　藉由保溫效果頗佳的檜木浴缸，給予屋主一個不失溫的舒適享受；而木材質本身散發出的天然木香，更具有紓壓效果。然而，需要注意的是，即使長期不需使用到浴缸，依舊要定期給予木材足夠的水分滋潤，木材才不易龜裂。圖片提供◎尚藝設計

# 杉木

### 永續經濟的實用木

杉木（Cunninghamia lanceolata）種類繁多，如雲杉、冷杉、美西側柏（俗稱美國香杉），以及台灣特有種的台灣杉等。台灣杉質地類似台灣紅檜，木質較為鬆軟，且本身具有耐腐朽性，早期經常用在易潑雨的建築外牆做魚鱗板或木門等，而雲杉一般用於製作響板、鋼琴等樂器。

此外，在北美永續林中，雲杉、冷杉等針葉樹種的木材物理特性極為相近，一般被合稱「SPF」——即雲杉（Spruce）、松（Pine）、冷杉（Fir）之集合——由於烘乾後具有出色的抗凹陷、抗彎曲等特色，且易於油漆、染色處理，穩定性高、價格相對低廉，因此被大量運用於構造與裝修上。

由於真正的冷杉數量相當少，而樹齡達三、四百年的冷杉更是罕見且價格高昂；因此，市場上所流通的「冷杉」一般可能為木理特性較接近花旗松等之木料，購買時須特別留意，由於此類木種相似度極高，一般得透過樹種鑑定才能確定。

上　全室鋪設人字型木地板，注入溫和木質調，透過杉木板的細膩紋理，增添恬靜放鬆感受，並讓古銅色金屬藝術裝飾呼應木質色彩，透過冷暖材質開啟趣味對話。圖片提供©懷特室內設計
右　二樓開放式書房的天花板採用香杉挹注宜人氣味，以千條格狀線條表現，增加空間立體感，同時讓書香空間洋溢木香氣息。圖片提供©日作空間設計

**弦切面**

**徑切面**

| 適合風格 | 鄉村風｜古典風｜和風 | | |
|---|---|---|---|
| 板材價格 | 香杉板材價格帶：實木一才110元（隨市場浮動） | | |
| 五星評比 | 吸溼耐潮度 ★★★☆☆ | 耐磨耐刮度 ★★★★☆ | |
| | 木紋繁複度 ★★★☆☆ | 價格親和度 ★★★★☆ | |
| | 保養難易度 ★★☆☆☆ | | |

　　側柏又名香杉、美檜，顧名思義木質本身帶有獨特香氣，具有良好防腐、防潮與防蟲特點，由於質地也不像松木那般鬆軟，也不若台檜那樣量少價高，可説是自然界中最實用且多樣化的木材，做為戶外材、室外裝修或傢具櫃體等都很適合。

　　由於特殊的細胞結構，側柏在乾燥後的收縮比很小，穩定度高，不易彎曲變形及產生裂縫，加上本身具有良好加工性，鋸、鑽、釘均十分簡易，且木料易於與油漆結合、吃色持久，無論碳化、噴染或洗白處理的效果都相當好。側柏本身色澤紋路偏紅，如同檜木，原色呈現也相當漂亮。

在市場上，側柏也較容易找到大面積的完整板材，目前最大可找到寬達80公分、長達12尺（約三～四米），因此若室內裝修的吧檯或桌板想以整塊實木製作，側柏是不錯的選擇，坊間也經常可見許多日本料理店的卡布里台採用整塊側柏原木打造，相當有氣勢。

儘管側柏具有特殊天然油脂，可防蟲防腐，使用在室內不須特別防蟲處理，但畢竟油脂成分不如柚木來得多，因此建議還是不要使用在較潮濕的空間（如衛浴）。若想使用在戶外必須經過碳化處理，以避免蟲蛀腐蝕。由於側柏具有香氣，建議實木不要塗佈透明漆，以免蓋住香氣，保養時可用檜木精油擦拭，維持木質溫潤度，避免龜裂即可。

自然簡約的鄉村風格居家經常使用側柏，側柏無論採用原色或洗白、洗藍，都很容易製造仿古樸實的感覺。側柏吃色表現好，但使用水性染料，建議多刷幾次增加飽和度，若使用飽和度較夠的油性染料，則建議噴上再磨掉一些，讓木紋若隱若現，不完全被壓住，而帶有復古效果。此外，若用在仿古傢具上，也可以燒刮處理做出類似風化的感覺，先噴槍燒焦，再用鋼刷刮去軟質部分，增加紋理感；也可用雕刻刀刻意製造凹槽的感覺。

香杉木料以原色方式呈現別有一番味道，利用斜面屋頂與復古地磚營造出小木屋般的自然風情。圖片提供◎集集設計

上　香杉用在廚房吧檯與天花板木作
上，吧檯實木料刻意用雕刻刀挖出凹
槽，增添自然樸實的感覺。圖片提供©
集集設計

右　遊戲室規劃格子門讓採光得以穿
透，門片以香杉打造，傢具、地坪則採
橡木鋪陳，並妝點少許檜木素材，依據
木質的鬆軟、易取得性、紋理等特質等
進行混搭，交織協調的空間場景。圖片
提供©日作空間設計有限公司

餐廳電視牆採回收雲杉木鋪陳，質地輕盈鬆軟，且木材價格較為經濟實惠，並以灰綠色壓底、搭配燈光映照，在深色空間裡跳脫出一抹輕盈感，釋放質材肌理的層次之美。圖片提供©日作空間設計有限公司

右 地坪以杉木板做大面積鋪陳，並裝飾熱帶原木、蕨類植栽，將自然感引入室內，搭襯具泰國特色的佛像和畫作，讓整體環境顯露戶外度假氛圍。圖片提供©懷特室內設計
下 主臥衣櫃和拉門採用深色柚木和淺色杉木互為搭配，木皮之間漆口線交接處理，形成反差較大的雙色木質感，由於不同木種本色不可被染色，因而保有較自然的設計風格，地板也是採取煙燻橡木拼接而成，整個空間營造出都市中的大自然樹林元素。圖片提供©大雄設計

香杉適合以噴染製造仿古效果，如臥室
衣櫃以香杉洗藍色，營造法式鄉村風的
復古感。圖片提供©集集設計

上　將香杉使用於櫥櫃，線板式樣造型的門片搭配層架、裝飾樑等，十分典雅。圖片提供◎集集設計

右　窗邊以兼具板下收納的架高地板，設計窗邊臥榻休閒區，斜屋頂天花板與拉抽採用香杉，與白色對應顯得簡潔，襯托出空間得多彩色。圖片提供◎集集設計

# 松木

## 木構造建築的要角

由於松木（Pine）生長快速，歐美等國永續林大量生產，因此為進口木料中價格較低廉、運用較廣泛的木料之一。一般來說台灣松木運用較少，國內常見使用的松木包括：日本唐松、北美花旗松、歐洲赤松與南方松，前三者在國外建築中經常使用於木構造中，後者則多見於戶外用材；亦有其他品種松木運用於室內裝修與傢俱，由於松木的木質較軟，材質不夠緊密而輕，表面紋理明顯並且木節較多，雖可輕易營造天然家居質感，相對地也禁不起碰撞，容易產生凹痕。

松木最常見的還是南方松。由於生長速度快，南方松收縮比大，容易劈裂反翹，且因生長年分短，心材較少，邊材較多，而容易腐朽。儘管缺點不少，但南方松仍經常被用於戶外，最主要原因是，花旗松難以注入抗腐蝕藥劑，而南方松的組織性讓藥劑注入效果極佳，而克服易朽缺點，成為設計師愛用的戶外木材之一。

弦切面

徑切面

**適合風格**　和風｜北歐風｜南洋風
**板材價格**　價格隨種類、用途、心邊材等條件變動
**五星評比**　吸溼耐潮度 ★★☆☆☆　　耐磨耐刮度 ★★☆☆☆
　　　　　　木紋繁複度 ★★★☆☆　　價格親和度 ★★★★☆
　　　　　　保養難易度 ★★★★☆

位於戶外的庭園，以耐候性佳且經過防腐處理
的南方松鋪陳，再搭配戶外用實木傢具，營造
休閒感。地板與壁面以縱向、橫向兩種不同的
排列方式，增添設計趣味。包覆屋簷立面的南
方松刻意切割得更細膩，創造豐富的層次。圖
片提供©相即設計

左　櫃體、櫃門與樓梯踏階採用色淺散佈不規則結眼的松木，為簡潔的空間增添自然躍動的變化。圖片提供 © i29 l interior architects

右　利用南方松地坪、水生池、綠意盎然的植栽，在寬敞的陽台區造景，替退休生活增添趣味，也為平凡生活，打造動人風景。圖片提供 © 品楨空間設計

# 橡木

## 變化多元的百搭木種

橡木（Oak）又稱為柞木，屬闊葉木一種，大多運用在高級木器、傢俱、木桶或櫥櫃上，也經常被用來製造成樂器，於室內設計多用於地板、牆面、門片等，應用範圍相當廣，是一款很受歡迎的木料。

橡木紋理呈直紋狀，本質色彩深受設計師喜愛，而其應用上的最大優點就是具有良好加工性，無論染色或特殊處理都能有不錯的效果，在裝修設計的可變化性也大。其相較胡桃木或其他顏色較深的木種，橡木無論白橡、黃橡或紅橡，上色性極佳，除了吃色容易，可以染成各種想要的顏色外，也能進行雙色染色，例如先將毛細孔填入顏色後，再染上第二種顏色，讓木材呈現填白染灰等不同質感。此外，染深、煙燻、鋼刷等表面加工方式，也都能在橡木上操作出不錯成效。

由於橡木木皮具有價格優勢，不少傢具與壁面也會採用實木貼皮處理，唯若木皮產品要進行表面加工，建議選60～200條以上厚度較佳。橡木質地硬沉，樹木砍伐後，乾燥過程中水分較難脫淨且容易彎曲，因此要乾燥過程要十分注意小心。使用橡木切忌尚未乾透即用於施工，完工後很可能一年半載即開始變形，此點無論用於傢具或裝修都必須注意。

若希望空間使用具有條紋變化的木料，卻又不想像山形紋那樣豐富、層次過於複雜，不妨使用木紋素直的橡木，利用直、橫或人字型貼法，打破原有紋理，製造出不同的變化感。例如一塊1.2乘2.4公尺的橡木板，將其分割成12公分的細板，以不對花橫向拼貼，使破壞原有紋理規則，就能製造出特別分割效果的立面。

**徑切面**

| 適合風格 | 現代風｜鄉村風｜東方風｜古典風 | | |
|---|---|---|---|
| 板材價格 | 價格隨種類、產地、加工、心邊材等條件變動 | | |
| 五星評比 | 吸溼耐潮度 ★★★☆☆ | 耐磨耐刮度 ★★★★☆ | |
| | 木紋繁複度 ★★★☆☆ | 價格親和度 ★★☆☆☆ | |
| | 保養難易度 ★★★★☆ | | |

染黑橡木鋪陳的懸浮電視櫃，經過鋼刷處理的橡木，紋路更加明顯，染成深沉色澤讓空間顯得沉穩，與梧桐木風化木一深一淺，讓空間有層次對比。圖片提供 © PartiDesign Studio

屋主喜愛實木側剖面的肌理與厚實感，訂製餐桌板尺寸時，選用讓預算大幅追加的6公分厚橡木作為餐桌板，搭配粉底烤漆的鐵件桌腳，展現出現代自然風的設計感，質感也同步提升。圖片提供©禾築國際設計

橡木本質相當適合做各種染色或特殊處理，餐櫃採用染黑處理，利用原本紋理特性增添質感。圖片提供©水相設計

上　主牆若不想呈現太過豐富的木紋理
或山形效果，可以用橫向、直向等不同
貼法變化，此牆面並加上鋼刷處理。圖
片提供©水相設計
右　將一塊1.2×2.4公尺的橡木板分割
成12公分寬，打破原本紋理，產生立
面分割效果，以不同的手法打破對花的
模式，做不一樣的表現法。圖片提供©
水相設計

右　工作室追求平和寧靜的氛圍，主要以梧桐木皮、橡木皮採鋼刷、染色處理，由於木紋反差度較低，當陽光日曬久時，桌面能減少沉澱黃色的變異性，設計師選擇搭配Y chair的現代北歐風，在空間裡流露出禪意的細緻感受。圖片提供©大雄設計

下　為了呈現工業感，設計師大膽選擇黑色主色調，為了避免黑色天花板造成天地侷促的空間感，所以刻意讓黑色切入轉折牆面，形成L型的牆壁面，並搭配梧桐木和橡木邊櫃，並因此產生視覺的延伸和聚焦，窗間的戶外綠意自然而然映入成為生活的一片風景。圖片提供©大雄設計

整個空間在簡潔線條對比之間，空調管路、電線不收進夾層內，自然而然呈現出工業感氣息，約八坪的行政庶務小空間反而有大開闊的格局，中櫃採用梧桐木和橡木組成，在接待處和設計部之間形成穿透感，書桌和書櫃看起來更加整齊、有條理。圖片提供©大雄設計

透過空間的轉折，分成兩個辦公場域，樓梯上方為行政庶務、下方為設計部，藉由光線的蔓延烘托，揉合逸靜的工作氛圍，設計部邊櫃的橡木採取染色，桌面的梧桐木為本色，刻意訴求簡單的木素材組成，減少雜物，整個創作環境十分舒適宜人。圖片提供©大雄設計

右　在餐桌的材質挑選上，設計師建議選擇耐磨、耐用且好保養的實木材質，即使刮傷了只要再進行磨光處理即可。橡木染黑餐桌設計，兼容了方與圓兩個截然不同的形狀樣式，不僅藉由桌上圓盤呼應了餐廳的吊燈造型，也與方型餐桌形成有趣的幾何圖形，為空間添入一絲耐人尋味設計語彙。圖片提供©尚藝設計

下　大塊亂紋集成的染灰節眼橡木為厚60條的木皮，價格比一般橡木拼板可親，鋪陳出一道牆面，與黑白兩色塑料搭配金屬的餐桌椅，搭配出兼具現代感的木質居家。圖片提供©珥本設計

上　臥房的衣櫃採用橡木染白，採用細緻的滾邊加工法，把手不用五金而是在門板上做出宛如浮雕的凹凸處理，搭配海島型橡木染灰地板，柔和清爽的配色，打造出讓人能充分休息放鬆的木感空間。圖片提供©非關設計

中　主臥與更衣間鋪設橡木集成材地板，搭配白色為基調的木作噴漆處理以及梧桐木門片，不僅在視覺上讓量體縮小，同時也達到減輕空間壓迫感的效果，透過木質的溫潤以及素雅的用色，傳遞自然舒適的北歐風空間語彙。圖片提供©相即設計

右　以白色為基調的更衣間，鋪上溫潤的橡木集成材木地板，讓空間清爽而自然。以梧桐木作成的玻璃拉門，區隔了走道區的空間。沿窗區刻意訂製造型獨特的黑鐵衣帽架，在開放的更衣室內，彷彿裝置藝術般的存在，更增添設計趣味。圖片提供©相即設計

吧檯區從立面到地面選用深淺橡木，為水泥與
白色鋪陳的空間注入沉穩的棕色調。吧檯前立
柱內為管線，柱頭以簡化的古典線條修飾，呼
應空間厚實沉穩的英倫紳士情調。圖片提供©
鄭士傑設計有限公司

中島吧檯與餐桌連結，桌檯長度可容納10人
使用，並將電器等機能設備收整於牆面中，以
橡木板為背景嵌入大理石層板，作為放置餐具
杯子的空間，異材質結合強化質感。圖片提供
©明代室內裝修設計

上　開放式設計的公共空間，玄關櫃及電視櫃以深色柚木與淺色橡木拼貼，三角形切割帶有方向性的趣味感，電視下方的平台，設計了抽屜式及開放式櫃格，開放式櫃格設有抽盤，方便玩遊戲時直接抽出，玩畢推回。圖片提供©大晴設計

下　深淺不一的直紋橡木皮，以人字拼法鋪陳櫃面，並將偏白色的板材與門把溝縫對準拼接，搭配紫羅蘭牆色和木地板，讓臥房簡單清新又不失視覺焦點。圖片提供©大晴設計

# 柚木
## 質細紋美耐久度佳

柚木（學名 Verbenaceae Tectona grandis L.f）屬於馬鞭草科柚木屬的植物，是一種闊葉喬木，原產地為緬甸、印尼、泰國、婆羅洲、爪哇、台灣等，其中以緬甸出產的最為著名。柚木枝幹粗壯，生長緩慢，材質細密，成材需要較長的時間，是一種珍貴的木材，而有「萬木之王」的美譽。

柚木含有油脂，紋理通直，木肌稍粗，邊、心材區分明顯。邊材為黃白色，心材色澤偏暗褐，但因產地不同而有褐色、濃灰色、淡色、金茶色等；心材的年輪明顯細密、機械性質極強、乾燥性良好、耐久性高、收縮率小、木質強韌、對菌類及蟲害抵抗力強。材面含有油脂之觸感，為所有木材中膨脹收縮最少者一，尺寸安定性佳。材面木紋美觀優雅、且加工容易、為世界上高級木材之一，也相當適合的台灣氣候，可作為地板、門片、製作傢具等。

上　沙發背牆以柚木、緞羽木、橡木、白樺木鋪陳，經過調整計算拼貼出寬窄不一的律動感，四種木皮的拼貼延伸到推拉門片和收納櫃，營造深邃放大的視覺空間感。圖片提供©大晴設計
右　指接柚木的餐桌與餐椅，採三把椅子配一把長凳的做法，營造迥異以往的膳食趣味。鞋櫃則採巴西合歡木，局部搭配灰鏡，讓這個膳食空間更寬闊且不刺眼。圖片提供©德力設計

弦切面

**適合風格**　現代風｜北歐風｜和風｜新古典
**板材價格**　價格隨種類、產地、用途、心邊材等條件計算
**五星評比**　吸溼耐潮度 ★★☆☆☆　　耐磨耐刮度 ★★☆☆☆
　　　　　　木紋繁複度 ★★★★☆　　價格親和度 ★★★☆☆
　　　　　　保養難易度 ★★★★☆

上　為了讓採光更明亮，主臥房與工作區的隔間，全都用透明玻璃區隔，搭配拉簾的設計，以便保留隱私。再以線條細緻的柚木實木勾勒出門框的存在。主臥房選用柚木地板，公共空間則以灰色混凝土鋪上PVC地磚，讓空間有明顯的區隔。圖片提供©相即設計

左　設計師不僅以紫檀柚木色木地板與義大利進口白色仿古磚區隔客廳與餐廳，並利用人造石枱面洗水槽輔以指接胡桃木實木貼皮木作平台，區隔烹調與膳食兩個不同的場域。吧檯下方採木作緬甸柚木實木皮板包覆。圖片提供©德力設計

上　保留了柚木原色所製成的隔柵，外
框的鐵件與溫潤的木材質感形成微妙平
衡，在界定玄關與客廳空間的同時，其
穿透性的特色也為空間視覺帶來更多層
次感。圖片提供©尚藝設計
右　門片採進口義大利柚檀木皮實木貼皮
技術處理。為求整體感，客廳的書架也
採相同材質，輔以集成柚木混搭出櫃體
的立體感。地面則採煙燻橡木鋪設。圖
片提供©德力設計圖片提供©尚藝設計

餐廳與廚房以吧檯相隔,立面輔以
緬甸柚木實木皮板包覆,集成胡桃
木枱面從餐桌一路延伸至玄關的鏡
面收頭。餐桌採詩肯柚木實木餐
桌。圖片提供©德力設計

運用材質穩定性高的柚木,以厚薄不一的實木木板,拼貼成的客廳電
視牆,為牆面帶來不規則的凹凸變化,藉由上方投射燈光映照 不同
的光影線條,讓牆面看來更有層次感,很適合休閒風格的空間營造。
圖片提供©尚藝設計

上　樓梯側邊設置整道柚木貼皮格柵，導引光線、創造梯間的明亮感，藉由縫隙巧妙變化細緻光影，與貼皮紋理相互呼應，闡述溫潤平靜的材質肌理。圖片提供©日作空間設計有限公司

右　次臥床頭板採緬甸柚木實木皮板包覆，從天花板到地板鋪設整個空間床頭立面，輔以T5間接光源與嵌燈的局部投射，營造出靜謐且舒適愜意的睡房空間。圖片提供©德力設計

右　玄關鞋櫃採用實木柚木打造而成，以柚木闡述南洋峇里島的悠閒度假感，並加入孔隙規劃達成通風效果，透過延續的立面設計，形成流暢的動線與視覺導引。圖片提供©日作空間設計有限公司

下　採用訂製柚木實木寢具，讓地面、櫃體色彩與之協調，創造房間的統一底調，運用木質的素樸底色，襯托黃色床頭、綠色寢具的鮮明性，替空間換上年輕表情。圖片提供©日作空間設計有限公司

客房摺疊門採義大利柚櫃實木貼皮製作，一旁的茶几和電視櫃都選用相同材質與之呼應。其他傢飾與傢飾布則汲取周邊木色的相似色加以配搭。圖片提供©德力設計

電視牆下方視聽櫃採柚木貼皮鋪陳，呼應牆面仿清水模建材，將冷暖視感予以調和；空間整體以柚木、胡桃木兩種木質相互轉換，帶出協調具層次感的溫煦氛圍。圖片提供©日作空間設計有限公司

# 梧桐木
## 質輕色淺變化多

梧桐木為落葉大喬木，生長速度快，木肌略粗而均勻，其邊材與心材分界不明顯，被評級為無心材抗腐蝕能力木材，台灣主要分布於北、中與東部，亦有來自美國與歐洲品種。梧桐木的材質輕軟，類似早期美術社販售的飛機木，重量較同等體積的木料少了三～四倍，大塊面使用也不會造成樓板承重負擔，相當適合做為表面材，但不建議用在結構材與製造桌椅等傢具。

由於梧桐木的木理通直、緊密細緻，且帶斜交木紋，因此表面不易開裂，能用膠水良好黏合。儘管小心染色和拋光也能獲得極佳的表面，但梧桐木的表面木紋並不明顯，過去曾因成本較低而大量進口，但由於貼皮效果不佳而滯銷。後因商人將滯銷木料風化處理後，發現表面凹凸立體效果相當特別，而使風化梧桐木在室內裝修界蔚為流行。

梧桐木的立體面處理，最早手法為鋼刷，但缺點是砂輪機高速旋轉會產生高溫，並使木屑填滿毛細孔，影響上色表現；改良後，現多採用噴砂槍將木質較軟部分沖刷掉，而留下較硬質的部分，產生模仿環境自然刻劃的立體凹陷效果。

梧桐木的機械加工性能良好，但是需要採用高速切割，以防產生表面缺陷。在保養上，梧桐木不同於一般實木越用越漂亮的印象，梧桐木的毛細孔較大，油脂髒汙很容易附著，並吃到木頭裡，容易發黑變色；若髒汙情狀況嚴重，汙垢經常會滲入毛細孔內，使用上需要注意，若髒汙還停留在表面上，使用用擰乾的濕布擦拭，髒汙情況略嚴重的話，也可再重新打磨表面上漆，但幅度沒辦法太大。建議不要使用於經常接觸的地方，如門片、櫃面、臥榻等，盡量使用於天花、壁板等較不易碰觸的裝飾面。

由於風化梧桐木本身屬性較軟，表面須處理後才能產生明顯凹凸效果，若剖成實木皮經常容易破損，因此較少使用不織布方式使用，大多建議採用2分厚（6釐米）以上的木板刷紋較保險。此外，梧桐木的毛細孔間

弦切面

徑切面

**適合風格**　北歐風 | 現代風 | 中國風 | 禪風
**板材價格**　一才 150 ～ 200 元左右
**五星評比**　吸溼耐潮度 ★★☆☆☆　　耐磨耐刮度 ★★☆☆☆
　　　　　　 木紋繁複度 ★★★★☆　　價格親和度 ★★★★☆
　　　　　　 保養難易度 ★★★☆☆

隙較大，染色效果不錯，但建議只做單色染色，突顯原本木頭的肌理，染白、深咖啡或染黑等；如染白處理使用於壁面或門片上，除了有極簡效果，比起刷漆的白更有肌理感。但比較仿古效果的雙色染色則不適用於風化梧桐木，顏色全部填滿毛細孔後，容易看起來髒髒的。

電視櫃面材料分別由梧桐木磨砂板與卡拉白大理石，經過適切的比例拿捏而成，木紋鮮明的梧桐木磨砂板與細膩的大理石，冰冷與溫潤兩者相映成趣，交互掩映著彼此特有的材質美感。圖片提供◎奇逸空間設計

右　白色木頭烤漆的電視牆與風化梧桐木的書櫃，組合出主視覺牆面。希望在現代調性的空間舞出自然清新氛圍，利用深刻木紋肌理的自然原味，與白色烤漆的現代感相互調和，透過造型暗示，讓兩組看似不對稱的組合，有著相同的律動美感。圖片提供 ©PartiDesign Studio

上　利用梧桐木鮮明的山形紋作為電視主牆的裝飾，並且以一張長形實木書桌區隔空間，讓客廳也兼具書房與工作區的使用機能。與電視牆相互呼應的栓木書櫃，用黑鐵建構出穩固的架構，襯以白色磚牆，呈現北歐風的空間氛圍。圖片提供◎相即設計

左　利用木紋的直向肌理，作為空間端點的主題畫面，並利用風化梧桐木強烈的紋路線條，隱藏收納背牆門片的溝縫。在左側柱體以茶鏡包覆，斷開梧桐木牆的平面延續，多了喘息空間，也呼應右側深色大門，調和深淺與配色比重。圖片提供◎珥本室內設計

斜角線條讓空間更有個性，有隔間功能的櫃體以梧桐木鋼刷處理
搭配文化石，裸露天花管線，營造粗獷輕鬆的LOFT居家風。圖
片提供©PartiDesign Studio

白色噴漆木作櫃體搭配梧桐風化木，光滑的噴漆效果與粗糙的
噴砂處理形成對比，兼具收納展示功能的電視櫃，圖片提供
©PartiDesign Studio

上　大尺度的電視牆面鋪陳梧桐風化木，轉角處延伸作成隱藏式音響視聽櫃，維持公共空間的簡潔俐落。圖片提供©PartiDesign Studio

右　清水模感的牆面搭配梧桐風化木實木貼皮櫃體，玄關端景以梧桐木框搭配磨砂玻璃，解決風水忌諱也成功營造光感過道空間。圖片提供©PartiDesign Studio

衛浴空間外的洗手檯，少了濕氣的顧
慮，以梧桐木作為檯面背牆，利用橫向
的拼貼與隨機的錯置，突顯木頭本身自
然木紋肌理與深淺色澤，搭配圓形光圈
鏡面，運用天然與科技感的反差，以及
幾何交錯線條，交疊出恰如其分的自然
美感。圖片提供©珥本設計

上　餐廳背景採用刻意染灰來強調安定背景
效果的鋼刷梧桐木，與周邊的白牆形成對
比，搭配特製的十字形鐵件層架，創造活
潑且富設計感的聚焦亮點。圖片提供⓪懷
特室內設計

右　受限木片尺寸有一定大小，一組櫃體
無法使用整片木皮，考量櫃體紋路的一致
性，施工時請木工師傅對花拼接，讓紋理
取勝的梧桐風化木櫃質感出色。圖片提供
⓪PartiDesign Studio

# 胡桃木

## 歐洲高級傢具的愛用木

屬胡桃科的胡桃木（Juglaus nigra）多產於美國東部，木材比重、硬度、強度與剛性都較大，與橡木同為高級傢具的主要材料，從十六世紀開始便深受人們喜愛，不僅運用在傢具、小木器製作，近來也廣泛運用於家居設計中。

胡桃木的花色特殊，其弦切面為大拋物狀的山形紋，表情豐富，且依照品種與邊心材不同，胡桃木的色澤與深淺不一，有的偏紅、有的偏黑，顏色越深者，木花的顏色也會較深，弦切面所呈現的山形紋也會更加明顯。胡桃木深受設計師喜愛的原因，大多是因為其具有穩定紋路，色澤耐看且細緻；深色胡桃木給人的感覺不若黑檀木那樣的暗沉，顏色較接近深咖啡色，即使採用紋路較為誇張的山形紋，年輪變化較為微妙，不像淺色木頭那樣明顯、花俏。因此，胡桃木運用範圍相當廣，除了實木之外，市場上也生產不少集成材、地板與不織布貼皮等用料，可用在壁面、櫃面、地面與天花板等裝飾面

處理。且本身復古風味極佳，除了適合用於自然鄉村風空間外，運用在現代風格的空間中，可在單一或純粹的空間感中，增加一點沉穩的感覺。

胡桃木的山形紋是許多設計師的最愛，不過由於山形紋取自原木的弦切面，木紋呈現彎曲形，日後收縮會呈斜向拉扯，使木料的變形機也較高。不少設計師將山形紋實木板使用於壁面時，都會有日後變形的困擾；通常花紋越漂亮變形率越高，因此在乾燥時尤其要注意。此外，由於胡桃木的硬度高、剛性大，相對的韌性則較差，因此不適合做為結構材，通常也不用於做為戶外景觀材。

由於胡桃木的肌理與毛細孔不明顯，並不容易吃色，雖然不至於像橡木染色那樣難均勻，不過刷漆處理後，會將胡桃木最漂亮的木紋掩去，且會給人髒髒的感覺，通常建議不做特殊染色，原色使用較好。

胡桃木運用在室內裝修頻率相當高，產品也多種，設計時建議可依照使用處不同，

弦切面

徑切面

**適合風格** 鄉村風｜古典風｜現代風｜中國風

**板材價格** 價格隨種類、產地、用途、心邊材等條件計算

**五星評比** 吸溼耐潮度 ★★★☆☆　耐磨耐刮度 ★★★☆☆

木紋繁複度 ★★★★☆　價格親和度 ★★★☆☆

保養難易度 ★★★★☆

採用不同底材與加工方式，讓細部收邊更加漂亮。例如，在使用在大面積裝修時，可採用胡桃木的壁面熱壓板，也就是實木貼皮加上夾板處理，儘管會增加厚度，但給人的觸感會較紮實，較接近實木；如果是運用在細部，如門斗（門框）的裝飾，就建議採用不織布胡桃實木皮，其薄度可讓摺角地方處理更較細膩、貼服。

選擇以灰色調改變局部牆色，利用不同的天花牆色製造出空間層次感，而且灰色同時也能與胡桃木色和諧搭配，藉由彼此互相襯托，讓簡約的空間變得更為豐富有趣。圖片提供◎逸喬室內設計

左上　以木傢具陳設的佛堂，設計師選用胡桃木為主要素材，搭配煙燻橡木地板，為了改變佛堂的密閉感，但又不過於顯露開放，在木門融入中式傳統花窗的現代語彙，並以淨白石材淡化沉重感。圖片提供©大雄設計

左下　是書牆同時也是客廳背牆，因此從整體空間調性及避免干擾視覺做考量，以規矩的方格做切分書櫃，再以胡桃木貼皮做表面裝飾，利用簡約設計達到俐落空間效果，同時也能強調胡桃木的美麗紋理與質樸感。圖片提供©逸喬室內設計

下　集成胡桃木染色與秋香木相搭的收納櫃與衣櫃設計，書桌選用相同實木木皮，地面則運用跟公共空間一脈相連的紫檀柚木色地板。圖片提供©德力設計

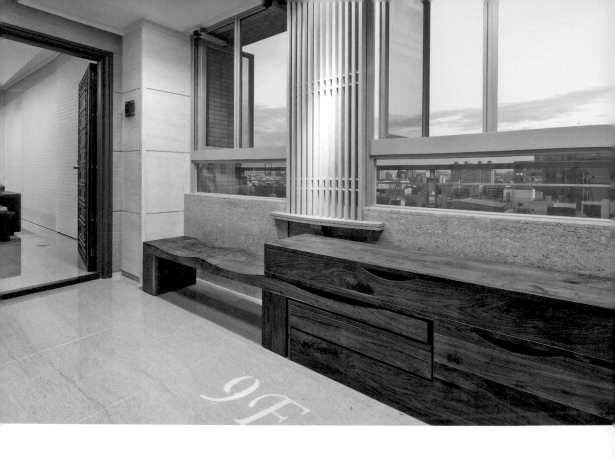

上　設計師為屋主在電梯出口量身訂製了具有裝飾效果的穿鞋椅。除了藉由胡桃原木的材質呈現出實木的紋路美感，在機能上更融入裝飾平台、收納抽屜及乘坐等設計，最重要的是左側座臺可以90度轉向，讓原本一字型的設計變成L型排列，日後可隨意作出不同的變化陳列。圖片提供◎禾築國際設計

左　廚房的造型拉門為胡桃木實木皮門片，餐廳便以此為背景，再簡潔的空間中利用一盞紅色吊燈來構成視覺焦點。圖片提供◎馥閣設計

採用胡桃木做成磚塊，再以鏤空穿插的幾何排列疊作成主題牆面，中間夾有茶色鏡面做反射效果，最後於外面再覆以玻璃防塵，如此的設計將原本阻斷視覺的牆面轉化成延伸的畫面，另一方面也呈現出更具有人文氣息的設計感。圖片提供©禾築國際設計

上　以木作傢具化概念設計玄關鞋櫃及書架，從餐廳往玄關方向看去，顏色較沉穩的胡桃木皮，讓視覺的遠端感覺較顏色重，因而有延伸的效果，讓空間看起來比實際深遠。圖片提供©大晴設計

下　以美式微莊園概念設計住宅，要在一般住宅坪數呈現美式大宅的尺度，設計師除了從格局著手之外，也運用美式住宅常用的材質，以胡桃木皮鋪陳客廳天花板，傢具則選擇橡木染白，達到風格營造效果。圖片提供©大晴設計

呼應空間裡的自然清爽感，以淺色橡木皮拼貼出一道木紋牆，牆面利用對比的深色胡桃木，勾勒出簡單線條增添變化，同時這些線條同時也是可擺放書、CD的層板，將裝飾與實用兩種不同功能巧妙結合。圖片提供◎逸喬室內設計。

將客廳天花淺色橡木延伸至通往進入私領廊道天花，在真正進入睡眠空間前，即能感受到自然木素材的清新舒適；門板刻意採用白色噴漆，藉此可與牆面的胡桃木皮呈現有趣的跳色效果，而位於牆壁與天花凹槽處的LED燈，則具動線引導作用。 圖片提供◎逸喬室內設計

# 栓木
### 用途廣泛的室設木種

栓木（Fraxinus Americana）為木犀科，主要分部於美國北部與加拿大，有著很好的硬度、色澤與紋路，邊材是鵝黃色或近於白色，心材則為灰褐色，木理通直，紋路樸素簡潔，有時帶點小光澤。由於木材為環孔材，有明顯生長輪，偶有瘤狀紋理。惟乾燥時易產生大的收縮，並於使用過程中亦容易隨大氣濕度之改變產生收縮與膨脹及翹曲。除以上缺點外其餘性質尚稱良好，是深受大眾接受的室內設計用木種之一。

栓木價格相當大眾化，並不會特別貴，可切成單板，以供傢俱、地板使用。由於品質穩定，木材強度性質佳，被廣泛用於室內裝潢，表面用明亮的漆，較能突顯栓木的有如水波的橫向紋路。

玄關進入室內的走道天花使用栓木，一旁櫃體門片也採用栓木木皮，婉如將黃的香料顏色，營造一室南洋情調。圖片提供©珥本設計

弦切面

徑切面

**適合風格**　北歐風｜現代風｜中國風｜禪風
**板材價格**　一才150 ～ 200元左右
**五星評比**　吸溼耐潮度 ★★☆☆☆　　耐磨耐刮度 ★★★☆☆
　　　　　　　木紋繁複度 ★★★★☆　　價格親和度 ★★★★☆
　　　　　　　保養難易度 ★★★★☆

玄關利用櫃牆延伸手法來順延動線，增加牆面的大
方感，與吧台嵌合的部分則用假牆包覆掉結構柱。
山形栓木皮強化櫃面豐富度；段落式設計可讓量體顯
得輕盈；中央安排前高後低的活動斜板，方便取用室
內拖鞋維持視覺整齊。圖片提供©甘納設計

通往臥房區的走道設置大型收納櫃，主臥及客臥也
規劃了衣櫥等櫥櫃，外覆栓木門片，一致的語彙，
清爽俐落地將家中雜物歸類收整，維持空間的清爽
寬闊感。圖片提供©水相設計

這是一間幼兒的遊戲房，為了讓屋主更便於看顧，同時保留後續的擴充與使用彈性，與客廳相隔的折疊門框採栓木木皮染色，並採用視線通透的玻璃門片，地板是指接橡木染色，維持淡雅的童稚氣息。圖片提供◎德力設計

雪茄室主牆選用紋理清晰的栓木，刻意染成屋主鍾愛的柚木色，讓壁面與吧檯收納以及收藏展示雪茄的落地玻璃櫃連成一氣。地板則將栓木染灰，呈現與壁面不同的色彩層次，搭配編織椅和柚木實木茶几，呈現自在休閒的空間氛圍。圖片提供◎相即設計

上　客廳電視櫃與廚房電器櫃結合設計，半高上方透空讓空間彼此串聯，室內空間雖小但天花板有高3米5的優勢，設計師在廚房安排了高3.5公尺、寬4公尺如同一面牆的橡木拉門，無框且垂直的木紋，讓空間更顯挑高。圖片提供©大晴設計

下　廚房有一根結構大柱，導致從玄關延伸過來的牆面產生缺角；設計師將櫃牆深度與柱子拉齊，並用吧台與櫃牆嵌合來做為餐、廚間的中介，保留動線順暢又兼具區域劃分作用，木紋分明的栓木皮也讓空間更顯雅致。圖片提供©甘納設計

善用光線，回家也能有「柳暗花明又一村」的詩意。暗黑的長形通道，兩旁是栓木染色的木質櫃體，可供收納鞋子，下方採挑空設計，減輕壓迫感。而極具現代感的白色穿鞋椅，禪意的擺設，帶領屋主走向通道盡頭的幸福之光。圖片提供ⓒ水相設計

木地板採用紋理均勻通直的栓木鋪陳，材質具堅韌彈性的特點，並給予染色處理，讓其色澤變得較深，與空間中的柚木家具相互呼應，形成色調一體感。圖片提供ⓒ日作空間設計有限公司

右 由於栓木的毛細孔比較粗，透過加工處理能表現較粗獷非理性的放鬆感。電視牆鋪陳的栓木先染黑再填白，山形木紋更具個性，搭配深色木百葉，為空間帶進慵懶的氣息。圖片提供◎珥本設計

左下 牆與櫃的轉化，讓空間變化多端。客廳與書房之間，以栓木本色木作雙面櫃區隔，採一邊開放一邊封閉的設計，保留穿透性。在客廳面是電視牆／櫃，有著不同大小切割，形成實用的收納空間；在書房這面則是整齊的收納櫃，功能風景完全不同。圖片提供◎水相設計

右下 以栓木、玻璃與黑色鐵件設計的藏酒櫃，栓木轉折延伸為客廳主牆平台，讓線條更流暢一致。圖片提供◎珥本設計

# 檀木
## 色沉紋美的高級木種

若按照學名來說，蝶形花科其中有兩屬木材，一為紫檀屬，一為黃檀屬。紫檀屬（Pterocarpus spp.）的木材是一般所稱的花梨木，而一般常聽到的紫檀，則是黃檀屬（Delbergia spp.），即酸枝等類的木材，但不論花梨、酸枝、黃檀、紫檀，商用木材上都稱作紅木。室內裝修用常用到的檀木多為紫檀、黑檀與黃檀，花梨木則多用來製作像是桌板等傢具。

台灣黑檀（或稱台灣毛柿）、印度紫檀、印度黃檀等貴重木材的樹種，台灣均有種植或是原產地，但是有專門以這類樹來生產木材，這些貴重用材仍是依靠進口。一般市場上的黑檀多產自非洲，產自東南亞的斑紋黑檀價格稍高。而紫檀則依產地而在色澤有明顯差異，顏色較深的多產自巴西、泰緬、印度爪哇等地；淺色的則為印度出產的印度黃檀。

檀木的比重高所以與其它木種相較算是重的，材質含有油質所以防蟲，質地細緻紋路美，乾燥後穩定不易捲翹。木理通直，木肌細緻，很適合作為裝飾用板材。此外，由於硬度高，也很適合作為地板材。

弦切面

徑切面

| | | |
|---|---|---|
| **適合風格** | 中國風 \| 南洋風 \| 自然風 | |
| **板材價格** | 價格隨種類、產地、原木大小、心邊材等條件變動 | |
| **五星評比** | 吸溼耐潮度 ★★☆☆☆ | 耐磨耐刮度 ★★☆☆☆ |
| | 木紋繁複度 ★★★★☆ | 價格親和度 ★★★★☆ |
| | 保養難易度 ★★★☆☆ | |

上　此戶以紫檀色系的煙薰橡木地
板鋪設，餐桌與餐椅都以指接柚
木實木貼皮木作良身訂製，客廳
書架與客房門框皆採義大利柚檀
實木貼皮處理。深咖啡色系的木
皮塑造出沈穩內斂的空間氛圍。
圖片提供◎德力設計

下　客廳到閱讀區都以紫檀木地板
鋪陳，書房的閱讀區沿窗擺放了
實木書桌、椅，後方的書櫃採用
白橡木搭配鐵件收邊，再用間接
照明，讓書櫃成為視覺焦點。左
邊收納櫃也採用白橡木皮，與紫
檀木地板呈深、淺跳色的對比效
果。圖片提供◎相即設計

為了增加空間的穿透性，設計師選用紫檀木皮製成柵欄式推拉門，捨棄單純門片的設計，中間以可以坐臥的矮櫃相隔，增加空間運用的彈性。圖片提供◎德力設計

書房以簡單的線條進行規劃，藉由深色木貼皮，整合了牆面與臥榻設計，在注入沉靜內斂的空間感之餘，臥榻更靈活了空間的使用性。這時，再添入幾張黑檀木製成的深色桌椅，便能輕鬆帶出空間的人文特質，營造具中國風味的木質書房。圖片提供◎尚藝設計

上　因應屋主的年齡層及個人特質，設
計師刻意選擇了紫檀木實木鋪陳樓梯
踏階，因紫檀木色彩較為均質，為擔心
上下階梯的安全，照明改採側面光，讓
每一階都清晰可見，扶手則採用細緻的
黑鐵。區隔客廳與梯間的櫃體，採用淺
色白橡木皮，與壁面色彩相互呼應，再
用茶鏡收邊，讓空間有放大效果。圖片
提供©相即設計

下　由於屋主收藏了許多中式骨董與傢
具，空間設計的風格與選用的素材，刻
意選擇能與傢具呼應的材質。沉穩的紫
檀木實木地板，以步步高升的拼貼手
法完成。電視櫃採雙面使用的設計手
法，以橡木染灰的色彩一路延伸至主臥
背牆，讓空間更有整體感。圖片提供©
相即設計

# 鐵刀木
## 色澤穩重的裝飾木種

鐵刀木（Cassia siamea）為蘇木科中的常綠中喬木，從中國大陸南部以至東南亞都是它的原生地，台灣亦有引進栽植。心材與別材差異頗大，邊材呈略帶白色的黃色，心材則為暗褐色至紫黑色，並帶有黃褐色之美麗紋理，一般多使用心材。木理呈不規則傾斜，因此紋理多變化。鐵刀木在進行乾燥處理時較困難，容易乾裂，要控制乾燥的速度與條件，並須於材端塗防裂漆。

材質耐腐性強，可用在建築、器具、雕刻、高級傢具等，也是俗稱雞翅木傢具用材之一。鐵刀木的木肌較粗糙，也很適合用鋼刷處理製造立體木紋的風化感，上漆後顏色會更深沉，運用在空間設計中相當美觀。

電視不再是客廳的主角，鋼刷鐵刀木包覆的隱藏式電視吊櫃，門片採用巴士門開法的五金零件，關上時呈現一體成型的俐落線條。下方為萊姆灰石打造的平台矮櫃，宛如混凝土的質感，更突顯上方的木製吊櫃。圖片提供 ©非關設計

弦切面

徑切面

**適合風格** 現代風｜中國風
**板材價格** 價格隨心邊材變動，且多為製成木皮板販售
**五星評比** 吸溼耐潮度 ★★★★☆ 　耐磨耐刮度 ★★★★☆
　　　　　　木紋繁複度 ★★★★☆ 　價格親和度 ★★★☆☆
　　　　　　保養難易度 ★★★★☆

電視櫃採集層鐵刀木與木作枱面烤漆、採菱格拼貼
的半拋石英磚地面、運用集層鐵刀木皮與金絲藤木
皮混搭的收納櫃，整體木作配色偏向中性色，藉此
突顯湖水藍的電視主牆壁面。圖片提供©德力設計

鋼刷處理的鐵刀木皮做成的書櫃，搭配藍紫色系人物圖案壁紙，以及手工打造的銅製把手，打破精緻雕琢等於奢華的想法，讓素材呈現自然手感，散發源於本質的高質感。圖片提供©非關設計

上　一般鐵刀木上漆後顏色變深紋理就不明顯，設計師選擇在表面塗佈潑水劑，保留接近鐵刀木的原色與紋理，並選用200條厚的實木皮做鋼刷處理，木紋直橫排列非整齊對花，讓深色木種呈現更豐富的表情。圖片提供©非關設計

右　以明鏡、灰鏡、金絲藤、集層鐵刀混合應用的客廳收納櫃，其後是客用衛浴，部份輔以膠合玻璃，讓客廳的光線得以進入內部的衛浴空間,混搭多元素材創造視覺律動。圖片提供©德力設計

# 秋香木
## 色淺質細的木皮選擇

　　秋香木質地細致，木紋優雅，通常是做成木皮運用，常見用在傢具、裝飾面板、地板等，顏色略帶褐灰，經常做洗白處理，呈現更溫潤細緻的效果，也有做染黑處理，或是手刮做出表面凹凸效果，應用在室內設計中相當廣泛。由於秋香木的質地紋路相當優美，不少科技木皮也仿製秋香木的紋路印刷。

主臥採用秋香木製作書寫區的開架層板櫃，以及床尾的收納櫃。設計師單純以比例切割出虛虛實實的收納櫃，不僅兼顧實用性，同時展現充滿比例的木紋肌理之美。圖片提供©德力設計

弦切面

徑切面

適合風格　和風｜現代風｜北歐風
板材價格　多製成木皮板或地板材，價格隨產品變動
五星評比　吸溼耐潮度 ★★☆☆☆　　耐磨耐刮度 ★★☆☆☆
　　　　　木紋繁複度 ★★★★☆　　價格親和度 ★★★★☆
　　　　　保養難易度 ★★★☆☆

主臥地面採柚木地板，衣物收納櫃則採秋香木。其他傢飾與床單寢具皆採秋香木色相似的藕色，相近色配搭出一個毫無視覺負擔的私領域。圖片提供©德力設計

# 花梨木

## 色澤高雅氣味清香

花梨木為蝶形花科紫檀屬（Pterocarpus spp.），全屬約有30種，原產地分布於東南亞、美洲、非洲，中文通稱為花梨、紅木。不規則的紋理加上略帶紅色的沉穩質感，讓花梨木自古以來就是極受歡迎的木料，以之製成家具擺設有富貴之寓意，許多蘊含中國古意的空間都可以見到花梨木傢具的身影。

隨著花梨木產地的不同，木質亦有很大的差異度，質地細密到疏鬆的種類都有，過不各者材質穩定度都是上等，木紋有呈錢幣狀、狐狸斑紋等等類型，每檔木料的差異頗大，算是相當獨特的木種。

現在也有以花梨木作成的地板材，花梨木地板的含油量與柚木地板一樣高，因此無論是防潮度或材質穩定性都是相當優質的實木地板。此外，別名為玫瑰木的花梨木，用在空間中會自然散發淡淡清香，可增添空間的雅致氣息。常有人將花梨木地板與紫檀木地板混淆，其實比起紫檀木地板，花梨木地板的木質呈現比較接近桃色系，紋理更加顯眼亮麗，雖質地較無紫檀木之厚重堅硬，但作為地板用途，花梨木地板能媲美紫檀木的堅硬程度，價格上也較平易近人。

線條俐落、造型細膩的黑鐵梯，搭配色澤與紋理特殊的玫瑰木踏階，讓單純串連樓上與樓下空間動線的梯，成為鮮明的空間藝術。利用梯下空間，放置一張漂流木作成的長板凳，與樓梯轉折處的漂流木擺飾相互呼應，突顯居住者的人文特質。圖片提供◎相即設計

弦切面

| 適合風格 | 中國風｜禪風｜現代風 | |
|---|---|---|
| 板材價格 | 價格隨產地、原木大小、邊心材等條件變動 | |
| 五星評比 | 吸溼耐潮度 ★★★★☆ | 耐磨耐刮度 ★★★★☆ |
| | 木紋繁複度 ★★★☆☆ | 價格親和度 ★★★☆☆ |
| | 保養難易度 ★★★★☆ | |

上　以混凝土作成的基座，搭配黑鐵梯以及刻意設計的扁鐵扶手，和肌理分明的玫瑰木踏階，讓空間有不斷向上延伸的感覺。延伸的木踏階，恰成為長沙發的後靠，與一路橫向延伸的白色木作噴漆電視櫃平行，讓人充分感受客廳悠長而深遠的空間。圖片提供©相即設計

中　花梨木實木與鐵件共組的多功能桌，讓整個空間不論是視覺或是觸覺，都讓人立即卸下緊繃的情緒而得一室安樂。圖片提供©奇逸空間設計

下　厚度達12cm的花梨實木作為餐廳桌面，質地溫潤且充滿個性，輔以黑鐵烤漆支撐。餐桌與洗水槽相結合，創造出類似中島式的多重機能的工作區域。圖片提供©德力設計

# 梣木

### 堅硬紋理均勻的傢具材

梣木（Ash）又稱為白臘木或稱水曲柳，屬闊葉樹種，是製作棒球棒的指定樹種，也常被用來做電吉他或琴身，國內經常使用在傢具製造，如「有情門」即是如此。梣木具有木質堅硬且木紋明顯的特性，徑切面木紋平直均勻，弦切面則有顯而易見的山型紋或雲型紋。

由於闊葉樹的強度性質跟針葉樹消長不同，針葉樹在砍伐、乾燥處理後，材料強度會開始向上攀升，約莫三百年後達到巔峰，才開始消降，但闊葉樹一旦砍伐，強度便開始下降，不像針葉樹有強度向上攀升的特性，因此很少用在結構材上，用在傢具、小木器的用料相當適合。梣木的生長迅速快、彈性好、木紋漂亮，又材料穩定，具有良好加工性，因此與胡桃木相同，都很適合用於室內裝修與傢具上；加上材質本身原色較淺、好上色，市場上經常有各種不同染色處理的梣木產品，其經過上漆加工後，能輕易表現出深胡桃木、柚木或洗白等不同視覺效果，變化性相當大。

另外，梣木實木有著較其他木種更為堅硬的材質特性，能符合桌面使用上的承重需求；且其韌性絕佳，通常可以在不膠合或榫接的條件下，一體成型做較細長的木構表現，相當適合利用在製作大跨距的傢具上。

**弦切面**

| 適合風格 | 和風｜現代風｜北歐風 |
| --- | --- |
| 板材價格 | 較少以板材原料形式販售，多製成傢具成品，價格隨產品變動 |
| 五星評比 | 吸溼耐潮度 ★★★☆☆　耐磨耐刮度 ★★★☆☆<br>木紋繁複度 ★★★★☆　價格親和度 ★★★★☆<br>保養難易度 ★★★☆☆ |

上　溫潤的梣木製成的方形矮几，簡單
又不失溫暖的線條，俐落的分隔收納，
不論是放在客廳或是家裡任何空間，都
可以讓空間的調性及質性統一。攝影
©Yvonne
下　師法荷蘭風格派（De Stijl）建築大
師 Gerrit Rietvel 的 Zig Zag Chair，採用染
成深胡桃木色的山形紋梣木實木製成，
一整塊木板分成五段，依著木紋的肌
理，由左而右接續轉折，簡潔有力的造
型是各種空間。攝影©Yvonne

# 斑馬木
## 紋理直而鮮明的裝飾木

斑馬木（Microberlinia brazzavillensis）為蘇木科，多分布在南美洲，尤其以巴西及阿根廷最多，斑馬木原指的是蘇木科材種，但市場上亦將木材帶有雜色斑紋或條紋者泛稱為 Zebrawood。

由於斑馬木為為散孔材，邊、心材區別明顯，邊材為白色，心材則呈淡金黃褐色並帶有暗褐色之平行排列條紋，條紋寬約0.5～1mm，間隔約2～8mm；條紋著色條件與生長層無關，而與樹齡、生育地變化有關。材質均勻，木肌精細，略有交錯木理。木質的收縮率大，乾燥時較為困難，需防止表面裂及蜂巢裂。切削、鉋削、塗裝、研磨性佳。耐朽度中等，耐蟲性稍差。多作為高級傢具用材、單板、化妝合板、裝飾木皮、手工藝品用材、運動用品（滑雪用品、柄等）。

**弦切面**

**適合風格** 南洋風｜現代風｜和風
**板材價格** 多製成木皮板材，價格隨產品變動
**五星評比** 吸溼耐潮度 ★★★☆☆　耐磨耐刮度 ★★☆☆☆
　　　　　　木紋繁複度 ★★★★☆　價格親和度 ★★★★☆
　　　　　　保養難易度 ★★★☆☆

上　玄關設計師運用重疊漸進的手法，勾露出一道宛如波浪的弧線，並與斑馬紋木皮收納櫃一體成型，讓感覺剛硬的木多了柔軟彈性。圖片提供©德力設計

下　臥房的整面背牆運用線條鮮明的斑馬木木皮，上下延展空間尺度，同時將衛浴入口的門片藏進天然木紋中，讓寢棉空間維持簡淨線條。圖片提供©PartiDesign Studio

# 合歡木

## 多作為裝飾用木皮

　　合歡木源於美國東南部，在歐洲、非洲、亞洲和澳洲大量種植，為落葉喬木，樹形亭立如傘，樹身有刺，葉對生，花球狀，樹高可達30公尺，樹幹呈黃色至橄欖綠，是一種材質堅硬且重的樹木，常做為行道樹或綠籬，此外，樹脂可入藥或是作為橡膠等工業原料，樹皮、根皮含單寧。根和果莢可作黑色染料。木皮煎汁可製作兒茶。根可入藥。

　　由於合歡木材質堅硬，耐水濕，蟲蛀不入，可做建築材料或是製作傢具。應用在室內裝修中，合歡木多作為裝飾性貼皮使用，作為垂直面如門片、壁面的裝飾等，價格上也算可親。

**弦切面**

| | |
|---|---|
| **適合風格** | 南洋風｜現代風｜和風 |
| **板材價格** | 多製成木皮板材，價格隨產品變動 |
| **五星評比** | 吸溼耐潮度 ★★☆☆☆　耐磨耐刮度 ★★☆☆☆ |
| | 木紋繁複度 ★★★★☆　價格親和度 ★★★★☆ |
| | 保養難易度 ★★★☆☆ |

上　電視櫃下方抽屜立面採柚木，枱面則採義大利柚檀實木貼皮處理，藉由不同木皮色澤的差異，創造出空間層次。一旁折疊門客房地面採紫檀木地板，收納櫃則是巴西合歡木。圖片提供©德力設計

下　巴西合歡木收納櫃與通往主臥衛浴的柚木實木貼皮推拉門，地面採紫檀木地板鋪設，床頭板則以藕色壁紙配搭柚木實木貼皮收頭，一切配色靈感皆出自屋主預先採購的進口床架。圖片提供©德力設計

# 榆木
## 質硬紋直的優美樹材

榆木（ULMUS RUBRA），榆科榆屬，為溫帶落葉喬木，樹型高大結疤少，木性堅韌彈性佳，紋理清晰通直，硬度與強度適中，刨面光滑，弦面花紋美麗，紋路類似雞翅木，是常用的傢具、室內裝修用材。

由於榆木的色澤紋理給人自然樸實的印象，搭配上可選用自然木材、仿古磚、粗獷的紅磚等材料，空間更樸實，更有自然的田園氣息。

以榆木木皮鋪貼的斜角電視牆隱含機關，電視可調整開闔角度，內部還有收藏屋主公仔擺飾的層架，由於牆面從玄關一路向內面積較大，故底部留白，降低壓迫感也有延伸視覺的效果。圖片提供©大晴設計

徑切面

| | |
|---|---|
| **適合風格** | 自然風｜南洋風｜現代風 |
| **板材價格** | 多製成木皮板材，價格隨產品變動 |

**五星評比**

| | | | |
|---|---|---|---|
| 吸溼耐潮度 | ★★☆☆☆ | 耐磨耐刮度 | ★★☆☆☆ |
| 木紋繁複度 | ★★★★☆ | 價格親和度 | ★★★★☆ |
| 保養難易度 | ★★★☆☆ | | |

透過隔間整合，使客房、主臥、客浴及收納櫃門片全都隱入榆木牆之中，同時也明確地界定公、私領域。為避免前後木牆、以及木餐桌等相同質感的物件因重疊而曖昧空間感，分別將短牆以橫紋，木牆以直紋設計來區別前後層次，而餐桌則採淺木色做區隔，使明暗、橫直的木紋色彩有如森林協奏曲般地優雅互動。圖片提供© 禾築設計

# 更多木種運用賞析

上　角落利用結構內凹處設計為讀書工作區，桌面以橄欖木接成，寬約3.5公尺。圖片提供©PartiDesign Studio
下　設計師選用拇木原木作為區隔書房與客廳的媒介，同時作為一個饒富詩意的書寫枱面。原木木色與位於客廳的金絲藤實木貼皮木作收納櫃相當和襯。圖片提供©德力設計

設計師以實木的栂木作為客廳的端景，這個空間的端景同時也是區隔客廳與睡房的隔間牆，大部份的隔間牆採用10mm強化清玻璃與進口軌道窗簾，兼顧「穿透感」與「私密性」。圖片提供©德力設計

沙發背牆轉折至側面收納櫃，利用梧桐木、柚木、緞翅木三種木料拼接而成，產生層次分明有如畫作一般的視覺效果。圖片提供© PartiDesign Studio

上　設計師於臥室牆面櫃體善用尤加利木天然紋路以人字拼貼或是橫向、縱向條紋拼貼，並與床頭櫃深色木呼應，提高空間彩度，無論是在利用線條拉長或拉廣視覺，皆豐富空間層次感。圖片提供◎奇逸空間設計

左　餐廚空間運用細膩的櫥櫃分割線表現出都會畫面感，並選配不鏽鋼面板的電器，使整個空間更具有專業、簡練的現代氛圍。至於用餐區則以木紋明顯的深色餐桌，搭配幾何造型的不鏽鋼材長型吊燈來轉化過於冷冽的色彩，讓餐廳回歸於較溫暖的色調，而木質結構、白色皮布的餐椅則隱約透出北歐色澤。圖片提供◎禾築國際設計

上　整體空間希望可以營造50、60年代的復古情調，藉由未經修飾的磚牆，搭配不同層次、深淺的藍白色染色木板，進行復古仿舊處理。自牆面一路拼接至地面的拼接方式，讓整體空間視覺更有延續性。於木材質的選用上，建議不妨選擇以二手回收木作為材料，更能增添空間的復古質感。圖片提供©尚藝設計

下　利用苦苓木設計的吧檯，佈景具有區隔客廳、書房空間的機能，也可當做備餐區使用，使空間利用更為靈活。圖片提供©德力設計

右　開放式餐廚選用德國進口LEICHT
廚具並以灰綠色調作色彩計畫，將木
作與現代感交融，地坪則運用霧面磁
磚由地板通過壁面延伸至天花，在同
一空間進行場域分野，使整體空間浸
潤於不同風格中。圖片提供©奇逸空
間設計

下　由實木貼皮包覆的電視牆自玄關
延伸至客廳，穿過巧妙設置的立牆鏡
面，搭配灰階木紋磚，使空間有著無
限延伸的效果。設計師並將電視牆凹
槽內部嵌入 L 型造型照明，讓牆面有
著宛如高檔飯店裡的酒吧氛圍。圖片
提供©奇逸空間設計

電視牆以木質鋪陳，採用棧板回收的木頭作素材，先將舊貨運木棧板上的釘子拔除，拆解每一支木頭，並將板材打磨、上表面漆，釘製出充滿手感的牆面表情。圖片提供©懷特室內設計

從資源回收廠收集而來的回收木，多是從具有數十年歷史的房屋而來，裁切後即直接拼上牆面，除了增添工業風貌，更是具有環保意涵。圖片提供©奇逸空間設計

木素材從階梯一直延伸至臥房，以橡木地板及木作櫃等，營造空間的溫馨無壓感，另外並在踏階鋪貼尤加利自然平板實木皮，增加踩踏時的舒適，至於階梯立面考量清潔問題則選用白色烤漆。圖片提供©馥閣設計

上 採用紋路單純的尤加利實木皮做為門片及窗邊座位，地板則選用紋理鮮明的橡木地板，讓二種不同紋理走向的木素材做搭配，不只提供了觸感的舒適度，同時也能增添視覺變化與趣味。圖片提供©馥閣設計

下 由於找不到帶有灰階的木材，設計師取用回收雲杉舊木料作為電視牆基底，且因著雲杉木易於油漆、染色的特性，將木料重新上色，帶出咖啡揉合青綠的美感，營造仿舊畫面。圖片提供©日作空間設計有限公司

# 木的替代建材

### 應用多元效果擬真

左　將平常用於地坪的 PVC 板切成條狀，用在沙發背牆上，並以人字形拼貼
鋪設，型塑豐富的材質紋理，與皮沙發色調相呼應，襯出異材質的衝突質
感。圖片提供◎懷特室內設計

右　玄關牆面鋪陳仿木紋壁紙，創造擬真的木紋肌理，在節省裝修成本的
同時，亦保有自然質樸的視覺感，同時配置不落地吊櫃，使牆面輕盈不厚
重。圖片提供◎懷特室內設計

上　將木碎屑交錯疊合、經高溫壓製而成OSB板，具有相當的緊密度與載重性，將其運用於床頭櫃和書桌，創造特殊紋理，賦予有別於一般家具的獨特個性。圖片提供©懷特室內設計

下　PVC板材切割成細長條狀，以帶有歐洲復古感的人字型拼貼方式，由牆面延伸至天花，包覆成ㄇ字型過渡廊道，模糊使用空間的領域界線，創造開闊延伸的視覺感受。圖片提供©懷特室內設計

Part 4 設計師及好店推薦

# 設計公司

　　集結32家擅長使用木素材的設計公司，依據設計師所擅長的手法與對材料運用的多種搭配方式，讓木素材可以發展成各式各樣的生活風貌。

圖片提供©FUGE馥閣設計

圖片提供©in29 | interior architects

## in29 | interior architects

　　2003年在荷蘭成立至今，in29 interior architects得過The Great Indoors Awards、Dutch Design Prizes等無數個室內設計大獎，他們的作品散佈在歐洲、亞洲各大雜誌上，設計除了從人性、實用為考量出發點之外，還多了體驗空間的詼諧感，讓人忍不住將目光留駐在他們的空間好好欣賞。

| DATA | 電話：+31-(0)20-695-61-20<br>Email：info@i29.nl<br>網址：www.i29.nl |

圖片提供©曾建豪建築師事務所/PartiDesign Studio

## 曾建豪建築師事務所PartiDesign Studio

　　對於設計的思考，PartiDesign Studio著重在使用者與空間之間的互動，因著屋主的個性與喜好，展現專屬的空間特質，而不在於昂貴的材料以及華麗的飾品，秉持將使用者的生活習慣與使用需求融入整體規劃之中，才能創造出空間最深的感動。透過多元的層次設計，將「家」的使用與美感回歸到人本，「以人為本」的真實意涵，在美的追求之外，更需重視「人」與「空間」的關係，讓空間因「人」產生獨有的生命。

| DATA | 地址：台北市大安區大安路二段142巷7號1樓<br>電話：0988-078-972<br>Email：partidesignstudio@gmail.com<br>網址：www.chienhaotseng.com |

圖片提供©大晴設計

## 大晴設計

　　出身建築背景的大晴設計，擅長檢討規劃空間格局與使用者的人體工學，並利用「錯覺」、「材料特性」及「色彩」來調整空間感受，最重要的，重視材料本身「可以觸摸到的手感」，當閉上眼睛用手輕撫你的家，會是一趟充滿變化且細緻的遊歷過程。大晴不受限於任何既定的風格，強調整體感受和協搭配，建立空間的獨特性。

| DATA | 地址：台北市松山區南京東路四段53巷10弄21號<br>電話：02-8712-8911<br>Email：cleardesigntw@gmail.com<br>網址：www.cleardesigntw.com |

## 大雄設計 Snuper Design

　　大雄設計每次為業主著手裝修，必先將基礎工程都紮實地做好，才細細考究空間設計美感。而主持設計師的建築背景，更為大雄設計注入更具概念與策略性的特質。除了著重比例的配置；「多樣化」亦是大雄設計在空間雕塑上的優勢。大雄設計所希望的設計不只是漂亮的空間，或華麗的材料。設計還可以開始說出有記憶的故事，反映著環境的特色，歷史的痕跡，和專屬於屋主對未來的想像。

圖片提供©大雄設計

| DATA | 地址：台北市內湖區文湖街82號2樓<br>電話：02-2658-7585<br>Email：snuperdesign@gmail.com<br>網址：www.snuperdesign.com.tw |

## 日作空間設計

　　用日子打造出來的空間，再用日子來細細品味。 陽光、空氣、水滋養了生命，還需要居所的呵護。日作空間設計主要從事建築、景觀及室內空間設計，擅長解決原動線不佳的空間，重新規劃、打造自然風格與機能性的空間。

圖片提供©日作空間設計

| DATA | 地址：桃園市中壢區龍岡路二段409號1樓<br>電話：03-284-1606<br>Email：rezowork@gmail.com<br>網址：www.rezo.com.tw |

## 水相設計 Waterfrom Design

　　對於設計的思考，PartiDesign Studio著重在使用者與空間之間的互動，因著屋主的個性與喜好，展現專屬的空間特質，而不在於昂貴的材料以及華麗的飾品，秉持將使用者的生活習慣與使用需求融入整體規劃之中，才能創造出空間最深的感動。透過多元的層次設計，將「家」的使用與美感回歸到人本，「以人為本」的真實意涵，在美的追求之外，更需重視「人」與「空間」的關係，讓空間因「人」產生獨有的生命。

圖片提供©水相設計

| DATA | 地址：台北市大安區仁愛路三段24巷1弄7號1樓<br>電話：02- 2700-5007<br>Email：info@waterfrom.com<br>網址：www.waterfrom.com |

圖片提供 © 品楨空間設計

## 品楨空間設計

　　擅長傾聽屋主需求，以因人而化，因地制宜的貼心設計，讓每件住宅作品，具有獨一無二的特色。<因地制宜，因人而造> 我們沒有專業的傲慢、只有因地、因人出發的設計理念，透過專業的引導，落實溝通與執行，將空間的表情與需求結合。

| DATA | 地址：台北市大安區瑞安街23巷15號2樓<br>電話：02-2702-5467<br>Email：pj@pjdesign.tw<br>網址：www.pjdesign.tw |
| --- | --- |

圖片提供 © 禾築國際設計

## 禾築國際設計

　　禾築設計最重視空間的動線與格局，因為動線與格局勢決定空間的本質，空間的定義對我們是非制式的，動線必須有其串接及流暢效果，針對個別屋主去思考，人活動於其中才最有根本的舒適感。而在思考空間時，以立體雕塑，也就是建築的角度來思考，這樣的室內才是一體，而非拆散的點線面，前後呼應一氣呵成，呈現優雅的空間姿態。

| DATA | 地址：台北市濟南路三段9號5樓<br>電話：02-2731-6671<br>Email：herzudesign@gmail.com<br>網址：www.herzudesign.com |
| --- | --- |

圖片提供 © 甘納空間設計

## 甘納空間設計

　　甘納空間設計秉持以生活為本的理想，以機能和動線為基礎考量，輔以適切的比例，讓材質、色彩、傢俱等元素，在簡單俐落的線條中跳躍出來。不受限於任何風格，嘗試混搭衝撞出甘納獨特的設計旨趣。擅長空間動線規劃及格局調整、兼具多功能收納及風格搭配。

| DATA | 地址：台北市內湖區新明路298巷12號3樓<br>電話：02-2795-2733<br>Email：info@ganna-design.com<br>網址：ganna-design.com |
| --- | --- |

## 相即設計 XJ Studio

「相即的設計」是日本知名工業設計師深澤直人強調以使用者為出發點的設計觀。相即設計於2009年10月創立,創辦人呂世民、林怡菁分別出身於交通大學建築研究所與中原大學室內設計系;強調年輕、創意與專業,企圖讓每個作品都有它量身訂製的價值。曾獲2010年TID居住空間、商業空間及工作空間等獎項入圍。

圖片提供◎相即設計

| DATA | 地址:台北市信義區松德路6號4樓<br>電話:02- 2725-1701<br>Email:service@xjstudio.com<br>網址:www.xjstudio.com |

---

## 考工記工程顧問公司

以春秋戰國著名科學技術著作自許,考工記從實際的經驗性技術知識出發,期待在技術的基礎之上,尋求建築的詩意境界;並在這瞬息萬變的年代,對未來建築提出前瞻性的看法。考工記論及範圍很廣,包括生產工具的設計規模和製造,容器的設置和規範、製作等,近年來也致力於生態建築、木構造、鋼構造、廠房建築以及學校建築之工程與設計。

圖片提供◎考工記工程顧問公司

| DATA | 地址:台中市北區忠太東路55-1號2C<br>電話:04-2203-3880<br>Email:originarch@seed.net.tw<br>網址:www.origin.com.tw |

---

## 奇逸空間設計

奇逸空間成立以來,堅持設計應著重於空間的充份利用及動線的流暢度,了解業主對生活上的需求後,將其帶入我們對設計上的堅持,在簡潔及乾淨的設計中,同時也能保有家的溫暖及舒適。郭柏伸設計師擅長重新解構空間,改變原有的制約格局,讓空間動線更順暢,並運用視覺效果的延伸,將小格局放大成大坪數,讓原有空間再生。透過設計手法,創造無界空間,虛化室內外的界限,引入天光綠意,創造自然窗景,賦予居所溫暖紓壓的氛圍,為居住者量身打造使用居所。

圖片提供◎奇逸空間設計

| DATA | 地址:台北市大安區信義路三段150號8樓之1<br>電話:02-2755-7255<br>Email:free.design@msa.hinet.net<br>網址:www.free-interior.com |

圖片提供©非關設計 Roy Hong Design

## 非關設計 Roy Hong Design Studio

不設限的材料與設計、沒有風格的風格，就是非關設計。主持設計師洪博東畢業於義大利Domus Academy設計學院研究所，曾任誠品書店美術設計、成舍室內設計主任設計師、台北科技大學建築設計系兼任教師。對他來說，每個身分角色都是生活的一部分，缺一不可，生活裡的經歷與過程，都是好設計靈感的來源。活著，每件事就是設計，不斷挑戰成俗制約，實驗素材可能性，繼續為每個人創造獨一無二的空間。

| DATA | 地址：台北市大安區建國南路一段286巷31號<br>電話：02-2784-6006<br>Email：royhong9@gmail.com<br>網址：www.royhong.com |

圖片提供©尚藝室內設計

## 尚藝室內設計

秉持設計的藝術取決於空間動線、收納、實用的便利性與風格的完美結合，與有十多年完整設計、工程經歷，並具備建築物室內設計乙級技術士資格的尚藝設計團隊，事前與屋主充分溝通、細心觀察，為屋主清楚展現專屬的空間性格。同時堅持技術專業第一、服務優先原則，讓打造過程與實品一樣愉悅動人。

| DATA | 地址：台北市中山區中山北路二段39巷10號3樓<br>電話：02-2567-7757，04-2326-5985<br>Email：shang885@hotmail.com<br>網址：www.sy-interior.com |

圖片提供©珥本設計

## 珥本設計

珥本設計創立於2004年，主要從事建築室內設計，提供住宅、商業、辦公空間規劃整合與工程管理，期待生活應該是一種美學的表現，從業主的談吐、行為、穿著、品味延伸至活動與居住的場所；室內設計不僅滿足我們對美感的期待，還是面對生活的一種態度。我們將業主的需求結合我們對基地的分析；包括良好的動線機能規劃、材質與光線的演繹、造型分割的比例、計畫性的照明、甚至於傢俱擺飾的挑選以及搭配空間的形象設計，都期待能提供業主專業的建議與體貼的服務，做一個具體及施工技術完整的呈現。

| DATA | 電話：04-2462-9882<br>地址：台中市西屯區福祥街3-2號<br>Email：service@urbane.com.tw<br>網址：www.urbane.com.tw |

圖片提供©森境&王俊宏室內裝修設計

## 森境&王俊宏室內裝修設計

空間設計有如參加一場一生一次的難得盛宴,如何拿捏得當,表現出最讓人印象深刻、最優質動人的,端看材質與空間之間的互動成效。空間的精神,可以透過所選用的材質來呈現,居家規劃應回歸居住者的真正需求及使用習慣,使其住的舒適自在。因此材質的選擇與應用,相對就非常重要,因為那是影響空間風格與視覺效果的最重要元素。

| DATA | 地址:台北市中正區信義路二段247號9樓<br>電話:02-2391-6888<br>Email:sidc@senjin-design.com<br>網址:www.wch-interior.com |

圖片提供©逸喬室內設計

## 逸喬室內設計

抱持對設計與建築的熱忱,不斷的自我要求及創新。藉由深入溝通,了解居住者的生活習慣及喜好;於美感與機能間尋求最完美的平衡點,量身訂做居住者獨一無二的幸福空間。逸喬設計擁有多年的美學訓練及實務背景,擅長整合空間的色彩、線條、比例與材質的運用與搭配。每件設計案都堅持其完美與獨特性,在工程上重視品質控管及施工精確度,積極地在預算內創造無限的空間可能性。

| DATA | 地址:新北市板橋區板新路118號2樓<br>電話:02-2963-2595<br>Email:yi.ciao@gmail.com<br>網址:www.yiciao.com |

圖片提供©集集國際設計

## 集集國際設計

家是充滿居住者美好回憶的安心所在,設計總監王鎮認為,不該拘泥於某種風格形式,而是要體察屋主的需求與個性,擅長運用傢具、色彩、織品、木料馬賽克等素材為屋主混搭專屬的空間風格,以細膩的心思,大膽的混搭手法,為每個家量身打造一個值得細細品味的風貌。

| DATA | 地址:台北市信義區景雲街22-1號3樓<br>電話:02-8780-0968<br>Email:gigi.design@msa.hinet.net<br>網址:www.gigi-design.com.tw |

圖片提供©德力設計

## 德力設計

　　對設計團隊而言，「風格設計」永遠不是設計的第一步，「空間配置」才是關鍵。空間配置決定了動線、機能、收納、等基本需求設定，優先滿足使用人口的各項生活的空間需求，然後才是風格的設定與討論。而「材質」則是設計師詮釋空間與場域的素材之一，在變化多元的素材中，木料的觸感與紋理，具有迎向自然、沈靜思緒的效果，是設計團隊常常使用的素材。關於更多木素材的設計應用，可前往德力設計的「fengchablog.net奉茶部落格」細細品味。

| DATA | 地址：台北市大安區和平東路一段258號8樓<br>電話：02-2362-6200<br>Email：dldesign.service@gmail.com<br>網址：www.dldesign.com.tw，www.fengchablog.net |

圖片提供©馥閣設計

## FUGE 馥閣設計

　　不被侷限在某種特定風格之上的簡約設計，將不同的風格以簡約的方式呈現，創造宜居的設計，並藉由一致的氛圍、色調，試圖將FUGE馥閣設計的印象深植人心。馥閣強調空間以人為本，不以獨斷的主張決定屋主未來的生活；從設計到軟裝配置、動線到空間機能，尊重居住者的個人特質及場域結構，並融入城市與環境的優點，連貫室內外的空間感，讓生活更顯愉悅自在，同時帶入綠色環保概念及材質、設備，為屋主打造一個樂活的永續住宅。

| DATA | 地址：台北市大安區仁愛路三段26-3號<br>電話：02-2325-5019<br>Email：contact@folkdesign.tw<br>網址：www.fuge.tw |

圖片提供©鄭士傑設計

## 鄭士傑設計

　　NO CONCEPT BUT GOOD SENSE，是鄭士傑設計師的設計原則，也是他的自我期許。設計手法擅長引入室外採光，並透過光影的重疊，增加空間的層次。擅長交互運用材質製造出反差效果，粗獷中看見細膩也流露出細微變化；本身也喜愛透過顏色、線條創造出視覺幽默，看似簡單但其中卻富含多種表情與想像。

| DATA | 地址：台北市松山區新中街48號1樓<br>電話：02-3765-3823<br>Email：jsc@jsc-design.injsc@jsc-design.in<br>網址：www.jsc-design.inwww.jsc-design.in |

## 懷特空間設計

圖片提供©懷特空間設計

　　一個新的材質或是材質的變化，這些都代表著是設計本身的價值創造，透過這些細節與表現語彙所累積起來的品牌印象，成為我們希望創造一眼便看出的懷特式風格。

| DATA | 地址：台北市信義區虎林街120巷167弄3號 |
| --- | --- |
| | 電話：02-2749-1755 |
| | Email：takashi-lin@white-interior.com |
| | 網址：www.white-interior.com |

## 明代室內裝修設計

圖片提供©明代室內裝修設計

　　在明代室內設計的作品裡，空間的線條是純粹而簡單的，而且並不讓人感覺冰冷生硬。以細緻的設計手法，依據不同屋主的生活型態，從根本來調整格局與動線，並運用自然元素，開放空間尺度，打造令人放鬆的心靈之所。擅長運用自然意象為設計的元素，再搭配簡約的設計手法鋪陳空間，讓使用者著實感受到自在與舒適，同時也體現空間最自然的表情。儼然是許多樂活族喜愛的減壓設計。

| DATA | 地址：台北市光復南路32巷21號1樓 |
| --- | --- |
| | 電話：02-2578-8730 |
| | Email：ming.day@msa.hinet.net |
| | 網址：www.ming-day.com.tw |

## 晨室設計

圖片提供©晨室設計

　　住宅空間設計認為，生活，才是唯一的設計風格。設計思考應該要突破框架，你的風格由你自己定義。在於商業空間設計，以品牌概念結合商業思考衍生設計主題，空間是介質，為了昇華品牌和使用者的共生關係而存在。空間之內，就該恣意揮灑品牌獨特的個性！

| DATA | 地址：台北市濱江街350號1樓 |
| --- | --- |
| | 電話：02-2507-1102 |
| | Email：service@chen-interior.com |
| | 網址：www.chen-interior.com/ |

圖片提供◎敘研設計

## 敘研設計

空間設計是整合的藝術，擅於聆聽需求，並將各式需求融入配置之中。就如同編曲家一樣，將空間的各式機能與特色，配置到最適合的地方。尊重自然素材的美感，希望呈現自然的肌理，讓材料本身的特性，帶給人更深沉的感知。採用溫暖簡約的材料，讓住宅空間成為可以全然放鬆休息的所在。

| DATA | 地址：台北市大同區南京西路370號<br>電話：02-2550-5160<br>Email：info.dsen@gmail.com<br>網址：www.dsen.com.tw |

圖片提供◎寓子設計

## 寓子設計

家，不是冰冷建築，揉合了光、色彩與空間後，賦予著生命的力量，以自然溫潤、「溫度」的理念方向，透過「6+3美學」規畫專屬個人居家空間，6分裝潢、2分家具佈置、1分留空給住在房子裡的人，在空間創作裡 將每個作品注入豐富的精彩故事。

| DATA | 地址：台北市士林區磺溪街55巷1號<br>電話：02-2834-9717<br>Email：service.udesign@gmail.com<br>網址：www.uzdesign.com.tw |

圖片提供◎木介空間設計

## 木介空間設計

沒有溫度，建築僅是冷硬結構體，無法稱之為家，室內設計亦若是，創造空間的廣度、研究格局的向度、探討美學的深度、提升住家的溫度，配合不同使用需求，創造不同空間個性，因應各式實際特質，讓作品與之產生對話共鳴。

| DATA | 地址：台南市安平區文平路479號<br>電話：06-298-8376<br>Email：mujie.art@gmail.com<br>網址：www.mujiedesign.com |

圖片提供©十一日晴設計

## 十一日晴設計

我們追求的，是一種純粹單純的、舒服的，屬於「家」的自然感。十一日晴。有溫度的設計，是我們最想傳達的信仰。

| DATA | 地址：台北市文山區木新路二段161巷24弄6號
Email：TheNovDesign@gmail.com
網址：www.thenovdesign.com/613545/home/

圖片提供©賀澤設計

## 賀澤設計

通用設計的脈絡，經由業主獨特的需求及思維出發，權衡著必要、需要、純粹想要，理出任何發展可能、組合最具私有特色，交織多種機能而成，自在的享受空間。而健康理念與安全的達成方式，是實現理想設計的基本根基，過程對人無害，環境沒有怨懟，才能創造出真正的輕鬆生活。

| DATA | 地址：新竹縣竹北市自強五路37號
電話：03-668-1222
Email：Hozo.design@gmail.com
網址：www.hozo-design.com

圖片提供©日和設計

## 日和設計

體貼每位成員的獨特，凝聚一群人的同質，找到「家」的生活價值。以「家族」的概念為核心，替家人、同居朋友、孩子、寵物創造舒適自由的共生環境，重視家庭的成長與互動，用分享愛的溫度，為家族打造體貼的公共空間。家族日和，要以設計創造家的風和日麗，為每個家族，致上最高的幸福。

| DATA | 地址：台北市安和路一段112巷7號6樓
電話：02-2703-0318
Email：service@twcreative.net
網址：www.hiyori.com.tw

圖片提供◎工一設計

## 工一設計

　　工一設計是由三位設計師好友共同創立，經過多年業界的陶冶，累積豐富的專業涵養，打造而成年輕且經驗豐富的團隊組合。其室內設計作品強調材質本身自然質感及精準的比例處理，透過與周遭環境的互動，經由流動的空氣與光線潤飾空間，以量身打造為每位使用者創造獨一無二的專屬風格，將工學與美學合而為一。

| DATA | 地址：台北市大安區仁愛路四段122巷59號<br>電話：02-2709-1000<br>Email：oneworkdesign@gmail.com<br>網址：oneworkdesign.com.tw |

圖片提供◎ CONCEPT 北歐建築

## CONCEPT 北歐建築

　　「改變」，是北歐建築的初衷；「讓空間反璞歸真」，是北歐建築的目的。曾經，空間設計產業，是地球資源耗損的幫兇，我們拆除、重製、包裝。為了追求美感，我們不斷在丟棄與製造中輪迴。如今，空間設計產業應是綠化地球的推手。在產生這樣的自覺後，留郁琪Doris帶領著自己的室內設計團隊，加上堅持樸質精神的好友建築師張恩誠Ken，一同創立了「CONCEPT 北歐建築」。

| DATA | 地址：台北市大安區安和路二段32巷19號<br>電話：02-2706-6026<br>Email：service@twcreative.net<br>網址：dna-concept-design.com |

# 木傢具傢飾店

　　打造到位的木質感空間，傢具傢飾是畫龍點睛的元素。細膩溫潤的木傢具，容易和空間中的其他材質搭配，而傢具本身也常混搭材質，創造不同風格效果。本單元介紹各種品牌、風格、充滿手感創作之美的木傢具傢飾店，在物件之外，也能窺見每家店背後所秉持的精神與信念。

圖片提供◎山林希柚木家具

## 惟德國際
### 使命感強烈的美學推手

　　惟德國際有限公司創辦人林德雄致力於傳承細木作工藝，藉由引進丹麥文創產業知識與工藝設計作品，將丹麥經典的設計及工藝技術，傳遞給台灣民眾，期望提升台灣整體工藝設計產業的國際視野，2011年成為PP Møbler台灣與中國地區總代理。同時，更以「教育、環境、社會、企業」等角度切入，吸引民眾關注環境與生活，顛覆台灣人對傳統工藝的認知，盼望將「好設計、好生活」的概念，真正紮根於每個人的心裡，拋磚引玉出屬於台灣特色的生活美學。

圖片提供©惟德國際

| DATA |

地址：台北市信義區忠孝東路五段236巷33號
電話：02-8789-2086
網址：wellwood.tw
營業時間：週二至週五13:00 ～ 18:00，週六至周日14:00 ～ 16:00，
　　　　　參觀請來電預約

圖片提供©式澳國際貿易

| DATA |

台北店：　台北誠品敦南店B1，02-8773-8951，11:00 ～ 22:30
台中店：　台中市西區五權路4號，04-2226-2157，
　　　　　週二至週六11:00~19:30．週日11:30~18:00．週一休
台南店：　台南市南區金華路二段324號，06-222-7672，
　　　　　週二至週六11:00~19:30．週日11:30~18:00．週一休
網址：www.moricasa.com

## 森CASA
### 關注質感、重視內涵的生活理念

　　森CASA由建築師毛森江創立。基於喜愛Y Chair與大師空間的完美對話，毅然於2006年引入丹麥的百年傢具品牌「Carl Hansen & Son」。之後又持續引進各國富涵文化深度的工藝品，如：丹麥的Pandul現代燈具、京都開化堂的手製茶筒、K-株式會社的各式設計，以及從台灣各地蒐羅的高水準工藝品。

　　森CASA引進的商品皆具有乾淨線條、耐看造型，以及舒適又好用的實用機能。代理品牌之外，也成立自有品牌「森/CASA」，運用冷杉等在地素材，在台灣設計、製造各種傢具與傢飾。門市以第二自然的概念呈現簡單、純粹的空間，期望訪客能在此感受商品所蘊藏的工匠精神與以人為本的設計理念，目前共有三家實體門市。

## Design Butik 集品文創國際有限公司

### 體現北歐設計與美好生活

圖片提供 ⓒ 集品文創國際有限公司

「BUTIK」在丹麥文的意思即為「Store」之意。 DESIGN BUTIK 是個新型態的設計商店，以 shop in shop in Retail 的概念為基礎，引進北歐設計傢具、傢飾與燈飾將北歐的美好生活方式從民生社區出發，帶到每個喜愛設計、追求生活質感的角落。2016年更首度將 HAY 獨立 Shop in Shop 概念店引進台灣，從原有的 Design Butik 擴店，HAY Shop in Shop 擁有獨立 50坪的大空間，能恣意展現各種情境，全店由丹麥團隊設計打造，寬闊的空間、完整的產品線，與丹麥設計連線零時差。

### | DATA |

地址：台北市松山區民生東路五段 38 號
電話：02-2763-7388
網址：www.designbutik.com.tw
營業時間：週一至週五 10:30 ～ 20:00，週六至週日 10:00 ～ 20:00

---

圖片提供 ⓒ 山林希柚木家具

## 山林希柚木家具

### 選品營造回家般的舒適放鬆

山林希，就像我們最愛的柚木，實在、質樸。一直以來，我們堅持只用好的原木，同時符合木頭特性的方式來製作家具，因為家具是陪伴一輩子的家人，做得細緻，用起來才會最自然，也最舒服。

八零年代就進入家具市場，我們看見了這個產業的轉變，但我們對原木的愛不變，所以山林希堅持下來了，這份對木頭的愛，跨越世代，努力傳承著。我們有無法割捨的熱情，讓我們秉持初衷。這些年，我們持續在印尼的原木林裡找尋得來不易的柚木，同時在台灣琢磨原木家具的更多可能……

### | DATA |

南昌門市：台北市南昌路二段 61 號　服務電話:02-2351-2228　營業時間:PM12:00 ～ PM 09:00（全年無休）
汐止雄門市：新北市汐止區新台五路一段 95 號 3 樓（iFG 遠雄廣場 3 樓）　服務電話:02-2697-2768
營業時間：週日至週四 AM 11:00 ～ PM 09:30
　　　　　週五及週六 AM 11:00 ～ PM 10:00（全年無休）
五股倉儲中心：新北市五股區民義路三段 14 號　服務電話:02-2291-0649　營業時間:AM 8:30 ～ PM 5:30（週日公休）

## MOT CASA 明日家居
### 呈現美好未來的明日生活館

　　MOT CASA是「明日聚落」旗下的自有品牌，MOT來自於「Mall of Tomorrow」的縮寫，MOT CASA獨家代理世界經典品牌及國際設計大師的家具、家飾及燈具，如moooi、artek、Tom Dixon、vitra等近30個品牌，提供多層次、無框架的全方位美好生活提案，為每個渴望擁有品味生活的人士，帶來與世界同步的概念，量身配置出專屬的有機空間。

圖片提供©MOT CASA 明日家居

| DATA |

台北店： 台北市復興南路一段2號B1、B2，02- 8772-7178
台中店： 台中市台灣大道二段573號，04-2322-2999
　　　　 週一至週日11:00 ～ 19:00
網址：www.motstyle.com.tw/channel/brand/6

圖片提供©有情門

| DATA |

台北市、新北市、桃園、新竹、台南、高雄均有實體門市
網址：www.macromaison.com.tw

## 有情門
### 萬物皆有情的優質MIT

　　有情門為台灣老字號品牌永進木器廠創立，創立的概念以回歸自然，從人出發為主。 有情門希望能融匯人、傢具與空間三方並達成和諧而密切的關係。品牌特地以台灣設計、台灣生產為主要訴求，並依照台灣人的身高與生活習性做貼切的設計。

　　木傢具產品主要採用再生林的梣木製成，堅固耐用又環保，也使用其他木種包括樺木、柚木實木、雲杉等。傢具設計擷取各種自然與不同文化的語彙元素運用於造型之中，結合不同的元素美感與創意十足的趣味，打造出屬於台灣的傢具品牌。

## 青木堂
### 在地思維打造人文極致

　　以「現代東方、人文生活」為宗旨，永興傢具的延伸的木傢具品牌「青木堂」，從選料、工法到造型設計每一個環節，都將生活使用的舒適性作為最大考量。因此除選料講究，造型弧度也符合人體工學。

　　為了永續經營，木材原料特別嚴選符合中國紅木規範標準的品項來製作；傢具本體結構遵循榫卯古工法，還將水分乾燥至12%左右含水量，以符合台灣氣候型態，讓工藝美感與耐久性可以代代傳承。加上符合使用便利性與人體工學的線條設計，讓青木堂有別於其他中式傢具，散發出更貼合當地生活的現代風情。

圖片提供◎永興傢具

| DATA |

地址：台北市內湖區新湖一路128巷15號309室（紐約傢具設計中心內）
電話：02-2792-1568
網址：www.yungshingfurniture.com.tw
營業時間：12:00 ～ 21:30，除農曆年假外全年無休

圖片提供◎德豐木業

| DATA |

地址：南投縣竹山鎮延平一路2號
電話：049-264-2094、049-265-8287
網址：www.facebook.com/nameless.tree

## 無名樹
### 擺脫人為定位的自然品牌

　　應用自身林木工廠背景及過去在文化工藝產業之經驗，2010年創立的「無名樹」品牌，強調台灣林木資源的優美及豐富的樹種希望讓森林產出的木材資源能擺脫商業價值的人為定位，重新喚起人與自然親近的單純感動。基於熟悉各類木材之間的差異，故能「適才適用」將木料運用成最恰當的形式。

　　目前營業主力分成兩個部分：一是與建築師配合打造小坪數木結構空間；另一方面則積極開發手作小物，希望透過日常使用讓木材更貼近生活，為突顯原木樸拙，無名樹產品幾乎都沒有做上漆處理，希望透過使用讓商品逐漸散發歲月洗禮後的獨有魅力。

## COLORLIVING GROUP
### 原生於台灣的木傢具器物

　　店主認為木材真正的美，是必須與生活結合在一起的。也因具有家族在林木業相關背景，讓這裡可以用更平實的成本取得數量稀少的台灣原木；除了市場價值高的一級木之外，二級木其實也有很多選擇。新料之外，回收舊料因為已經定型和具有時間感，也很受客戶青睞。除了承接訂做之外，也與優秀的工作室配合少量販售製成品，透過提供好的設計產品協助居家質感升級。實體店除了販售COLORLIVING GROUP品牌傢具外，還有傢具設計製作、原木桌板、當地藝術家及設計師作品展售。

| DATA |

地址：台北市大安區濟南路三段44號
電話：02-2752-8157，0983-509-251
網址：www.colorlivinggroup.com
營業時間：11:00 ～ 19:00，週日休，請事先來電預約

圖片提供©COLORLIVING Group

圖片提供©FAMWOOD自然紅屋

## FAMWOOD 自然紅屋
### 無毒、天然、健康的居家生活

　　FAMWOOD自然紅屋最初經營辦公傢具，後來專注往原木素材發展，採用北美紅檜和玉杉為主要素材，設計自然風格的現代傢具，並以天然漆塗裝，推廣無毒、天然、健康的居家生活，品項包含床組、厚原木桌、餐桌椅、玄關櫃、邊櫃、電視櫃等。在四家直營門市，可以體驗紅屋木紅檜傢具天然的木香與質地，也提供室內設計規劃施工服務，並推廣零排放，對土地環境傷害最低的行動木屋，秉持循環永續概念實踐住宅設計。

| DATA |

台北民生旗艦店：台北市松山區民生東路五段137巷5號，02-3765-5735
台北誠品松菸店：台北市信義區菸廠路88號2F，02-6636-5888分機1602
台中大恩獨立店：台中市西屯區大恩街14號1F，04-2310-8676
台中新光店：台中市西屯區台灣大道三段301號新光三越7樓，04-2258-1939
網址：www.famwood.com.tw

# 木料店

　　新木料或二手木各具特色，不論是手作木工、傢具訂製，或是木結構材等，本單元提供專業購買諮詢店家，從木材特性、加工處理到成品設計，喜愛並有意採購的讀者不妨事先洽詢，實地走訪，會有更多收穫。

攝影©蔡淞雨

## 上興舊木料行
### 舊木料變新傢具的高手

　　上興舊木料行為專賣舊料的店家，從桌椅、櫃子，到門片窗框、建築樑柱等，在此能挖到各式各樣的寶貝。上興由現任老闆賴永祥的祖父開始經營，原本只做舊木料拆卸與磨切加工，近來台灣人越來越喜歡有復古感的手工木製傢具，於是在兩年前於宜蘭成立傢具加工廠，台北增設自家設計完工的傢具展示區，從小在舊木料林中長大的賴永祥，熟悉店內外所有木頭的來龍去脈，有商業空間設計師、傢具師傅來找材料，可以將各角落的舊材依照需求聚在一起，功力了得，上門要求訂做傢具的客人亦日趨增加中。

攝影©蔡淞雨

| DATA |

地址：台北辛亥路四段109號
電話：02-2934-0172
營業時間：週一至週六08:00 ～ 17:30，週日休
木材種類：九成為舊木料，以檜木、杉木、柳木為主，
　　　　　其它有烏心木、肖楠木、柚木等。

## 青松木業
### 大台北地區木料補給站

　　從十幾歲開始做貼木、切皮起家的老闆林格，今年七十多歲，依然活力旺盛地帶領旗下的師傅，每天從木料到貨，到客人電話或現場看木料，忙進忙出地在分類整齊的木材堆中穿梭。木料從毛料、板料到裁切剩下的邊條、甚至木屑，都有客人前來蒐購。這裡供應柚木地板材，並有三位師傅不停休地上工裁切，還有大量的各種材質桌板、砧板以及珍貴的擺飾專用黑檀木，是許多設計師和熱愛木工者取材的天堂。

攝影©蔡淞雨

| DATA |

地址：台北市延平北路八段43號
電話：02-2810-3808
網址：qingsong2000.blogspot.tw
營業時間：週一至週六08:00 ～ 17:00，週日休
木材種類：專營柚木，另有櫻花木、桃花心木、花梨木、鐵刀木、鐵木、
　　　　　各種薄片、製材與原木。

## 柏琳木業
### 烏心木的大本營

　　進到柏琳大門即可見大量擺放得比人高的馬來西亞烏心木，偌大的店裡有一半的木材都是烏心木，數量可觀，另有胡桃木、栓木、烏心木、紐西蘭松等，老闆張景川每天架著堆高機將新貨擺上，客人來看木材，又俐落地從各角落推出木料，為方便越來越愛做木工的人，老闆還將木頭分類並寫上名字，方便顧客自行挑選，選好了，只要告訴之前曾擔任木材廠廠長的老闆，不花一分鐘功夫便取好木材，並依照所需幾分鐘內裁切完畢，身手矯健乾淨俐落。

攝影©蔡淞雨

| DATA |

地址：新北市樹林區柑園街二段259號
電話：02-2680-6856
營業時間：週一至週五08:00 ～ 17:00、週六08:00 ～ 12:00，週日休
木材種類：專營馬來西亞烏心木，另有胡桃木、栓木、烏心木、
　　　　　紐西蘭松、南美櫻桃、北美楓木和各式板材。

---

攝影©林孟佳

| DATA |

地址：台中市大雅區振興路51號
電話：04-2568-2960
網址：www.phcwood.com.tw
營業時間：週一至週五8:00 ～ 12:00，13:00 ～ 17:00
木材種類：高級檜木、肖楠木、櫸木、樟木、梧桐木、柚木、松木，北美及南洋軟硬木；
　　　　　綠建材有竹、椰、棕梠木製成裝潢板，編織及浮雕等建材皆有。

## 龍華木業
### 遨遊木與綠建材世界

　　在木材工業已深耕三十多年的總經理周春雄，從雕刻師傅做起，一直到木材國際貿易，因此對各式木材的挑選很有經驗。這裡提供的服務廣泛，不管是小量客製化訂單，或是建材批貨，各式預算的木材應有盡有。而且不只木原料，廠內特聘藝術家所設計的創意傢具，將不起眼的原木賦予了新生命，更是金字塔頂端族群的新寵兒；另外，還有簡易DIY套組讓新手嘗鮮，即使是初次接觸木工，也能成功組裝並從中得到樂趣。

## 琮凱實業
### 傳承三代的極致之木

　　琮凱的百年工藝，始自日據時代的伐木業、日本神社的設計加工，到出口日本和室雕刻花板、神棚（似台灣的神桌）等，以碎木做燃料的烤爐，蒸氣烘乾原木，標準指接集成材木拼接，最後熱壓成型，傳統紮實工法，費時的工序完整保留，成品質感當然不容小覷，令吹毛求疵的日本人也無從挑剔。一篇「開剖文」在知名論壇的高點閱率，開啟了傳統工藝的新猷，琮凱開始接受量身打造的客製化訂單，客戶群從大小店面裝潢，小至求婚木戒訂做，充分展現了對設計的獨到想法。

攝影©林孟佳

| DATA |

地址：台中市大里區國中路117號
電話：04-2407-1111
網址：www.facebook.com/sowkay
營業時間：8:00 ～ 17:00隔周休二日
木材種類：阿拉斯加雲杉、緬甸柚木、紫檀木等為大宗，柚木、
　　　　　橡木、櫸木、牛樟、美國檜木、松木等。

## 德豐木業
### 材料技術的精進者

　　德豐木業是自1945年創立迄今的木材工廠，創立宗旨為永續資源再利用。為了永續經營，多次與屏東科技大學木材工業系合作，從乾燥、低毒性防腐藥劑的開發、到集成材、指接加工製造技術研發，透過人為努力克服物性天然弱點，將日益稀少的林木資源作最大效率的應用。目前主要產品包括：結構用集成材、木材乾燥處理、木材防腐處理、木材塑化處理、木構建材、木構造設計及施工等此外，也會不定期於網站上公布實作課程訊息，讓喜愛木頭的朋友能更深入體驗木作之美，了解材料知識，親自手作感受木的溫潤迷人魅力。

| DATA |

地址：南投縣竹山鎮延平一路2號
電話：049-265-8287、049-264-2094
網址：www.tefeng.com.tw
營業時間：週一至週五8:00 ～ 17:00
木材種類：人工造林木部分，有國產柳杉、杉木、台灣杉，以及進口的
　　　　　花旗松、南方松、雲杉等；天然林則以側柏（美國香杉）、
　　　　　黃檜（加拿大檜木）為主。

圖片提供©德豐木業

# 附錄

木素材
專有名詞及裝修術語解釋

## 度量單位

### 木材的尺寸

英制單位，製材品一般以英呎及英吋表示長度，角材以英吋×英吋表示斷面大小，例如最常見的2"×4"或2"×6"即表示斷面為2英吋寬、4英吋厚（或2英吋寬、6英吋厚），但這些尺寸是未鉋光前的尺寸，實際尺寸則是各扣去1/4英吋；材積則是採用板呎（BF），1立方公尺=423.7737板呎。

台制單位，則是以台尺及台才（簡稱才）表示，1才表示為1台吋×1台吋×10台吋（角材）或1台呎×1台呎×1台吋（板材），1才=0.00278立方公尺=1.178板呎。

### 板材的厚度

分為英制及公制兩種，合板的度量單位「分」是1/8"的意思，6分板就是3/4"，換算成公制是19.6mm。

如今合板幾乎全部是進口，已改為公制單位居多，雖然一樣沿用「分」的說法，但是6分已經變成18mm。本來1分約為3mm，16mm就算6分，1分板則是用2.4mm交貨，2分只能買到4～5mm，3分是7mm，4分則是10mm，選購時要特別詢問清楚。

### 木皮厚度術語「條」

一般木工講述厚度時，常用「條」作為計算，簡單來說「條」等於「毫厘」相對的100條＝100毫厘＝1公厘（mm）。市面上常見的有300條、600條厚度的產品，就是厚度3mm、6mm的意思。

### 坪數

指室內空間的大小，一坪＝3.3058平方公尺＝兩張榻榻米，一平方公尺＝0.3025坪，測量的方式為長（公尺）×寬（公尺）×0.3025＝坪數（坪）。

## 材料用語

### 線板

具有多種造型可選擇的長條狀建材，以組合的方式拼接，常見於古典風或鄉村風的天花板、地板、櫃體沿邊處，另外也會用來作為踢腳板，達到收邊、遮醜的效果。

### 美耐板

為表面飾材的一種，具有多種變化可省去油漆的預算，耐髒的特性也適合用於浴室的天花板、櫃門、壁面等處，但它具有轉角接縫處明顯的缺點，因此在收邊時須特別留意。

● Tips

雖然美耐皿（為塗料的一種）是美耐板的製造原料，但是並沒有所謂「木心板上貼覆美耐皿」的這種「美耐板」。如果直接在木心板上塗裝美耐皿，就是「美耐皿板」，通常會使用於系統櫃，而在木心板的表面貼覆一層美耐板，它就是「加貼了美耐板的木心板」，可別上當受騙了。

### 密底板

以回收木材廢料製成的木屑粉熱壓而成，是一種環保、無毒的材質，具有不易變形、不會生蟲、表面光滑等優點，但缺點是不防水、怕潮。

### 木心板

也寫作「木芯板」，就是以木頭為主要心材的板料，上下兩面為夾板，中間為實木條拼貼而成，夾板表面可以再貼實木皮、美耐板或上漆等。

### Mei-li

就是厚度為6mm、以一層層薄木片上膠後堆疊壓製而成的板材，也就是常聽到的兩分夾板，一定有人會問，那其他三、四、五、六分夾板又叫什麼？其實並無特別說法，而兩分夾板被稱為「Mei-li」的原因也不可考。

● Tips

兩分夾板到底是幾公分？兩分夾板的厚度應該為6mm，但坊間也常用4mm或5mm，因此在與設計師或工班溝通時，務必多詢問一下以便確認，才能避免偷工減料的糾紛發生。

## 木地板（介紹詳見 P.088）

實木地板、海島型地板、超耐磨地板比一比

| 演進 | 實木→海島型→超耐磨 |
|---|---|
| 價格（由低至高） | 超耐磨→海島型→實木 |
| 質感（自然程度）與觸感（紋路） | 超耐磨＜海島型＜實木 |

## 系統傢具

簡而言之就是組裝式傢具，通常使用環保的塑合板，具有能依照功能需求變化的優點，施工時間比木作短且無須再上漆，能省下一筆預算。

● Tips

選購系統傢具時，要注意板材是否符合環保標章，市面上大多都是從歐洲進口居多，建議選擇E1級V313的環保板材，這代表了木材的甲醛含量通過檢驗標準，不會對人體造成傷害。

# 裝修術語

## 封板

從字面上解釋，就是使用木板將天花板或牆面封起來，達到美觀的作用。常見於陽台外推時，將原本的欄杆或女兒牆以木板包覆，或為了遮掩管線、冷氣口而進行封板。

為了修飾不良格局常會使用的設計手法：假樑與假柱，也屬於封板的一種。假樑假柱通常是為了美化空間中的大樑、大柱，而設計與之對稱的假樑、假柱，看起來比較美觀，而坪數大的空間也常見利用假樑、假柱設計成九宮格狀，以爭取視覺高度。假樑和假柱除了美觀作用，也具備實用功能，例如假樑可用來包覆冷氣管線，假柱則能設計為隱藏式收納櫃，並不只是虛有其表而已。

## 下角料

角料就是角材，故也可稱為「下角材」，說得白話一點就是為天花板或牆壁架設骨架，用木條做出框架抓出水平立面後再封板，作為封板前的結構。

敲敲牆就能找到角料

● Tips

還是不理解「角料」是什麼嗎？不妨試著敲敲看牆壁，會發現有空心和實心處，實心的部份就是角料支撐處啦！因此若要在牆壁上釘釘子，記得要釘在角料上，才不會讓牆破一個洞。

## 貼皮

貼皮其實就是實木偽裝術，目的在於要製造出實木的質感，但卻不需使用整塊實木，達到環保與輕盈雙重功效。

## 格柵

常見於日式禪風的居家風格中，有直的也有橫的，可作為隔屏但又不失透光度，若想提高空間私密性，則可在格柵後方加上布料，達到遮蔽效果，此外也能運用在天花板造型上。

## 交丁

在砌磚及鋪設木地板時經常會聽到的用語，所謂「交丁」指的是磚或木地板以交錯方式排列，而「不交丁」則是整齊排列、縫隙對齊的排法。

## 「馬沙」與「蘑菇」

裝修也會用到食材嗎？當然不是！馬沙和蘑菇是指年輪的長相，馬沙意指直花，蘑菇則是圈圈狀，通常在選擇木地板及木皮時常會聽到的術語。馬沙或蘑菇並不影響木地板與木皮的品質好壞，而是屬於風格的呈現，端看個人喜好與設計手法，像是蘑菇，有人不喜歡中間有結，但也有人就是覺得有結才好看，所以只要搭配得宜就好。

## 驗收必知

### 木作貼皮

貼皮注意轉角處木皮是否有翹起、會不會割手。

### 平整度

包含地面、牆面、桌面、門面等，可利用尺測試這些面向的垂直、水平面是否夠平滑，是否有凹凸不平的現象。

地面：可透過球測驗是否有歪斜傾向。

牆面：最好在白天時驗收，將室內燈光全開後，若有陰影代表不夠平整。

天花板：開燈後即能輕易看出是否有明顯接縫、是否平整。

# 木素材
## 萬 用 事 典

設計師打造自然木感住宅
不敗關鍵 350【暢銷典藏更新版】

作者｜漂亮家居編輯部
責任編輯｜楊宜倩・許嘉芬
採訪編輯｜黃婉貞・鄭雅分・陳婷芳・李亞陵・陳佳歆・許嘉芬
封面設計｜FE設計
美術設計｜FE設計・鄭若誼・白淑貞・王彥蘋

發行人｜何飛鵬
總經理｜李淑霞
社長｜林孟葦
總編輯｜張麗寶
副總編輯｜楊宜倩
叢書主編｜許嘉芬

出版｜城邦文化事業股份有限公司 麥浩斯出版
Email｜cs@myhomelife.com.tw
地址｜104台北市中山區民生東路二段141號8樓
電話｜02-2500-7578
傳真｜02-2500-1915

發行｜英屬蓋曼群島商家庭傳媒股份有限公司城邦分公司
地址｜104台北市中山區民生東路二段141號2樓
讀者服務｜電話02-2500-7397，0800-033-866；傳真02-2578-9337
訂購專線｜0800-020-299
　　　　　（週一至週五上午09:30～12:00；下午13:30～17:00）
劃撥帳號｜1983-3516
劃撥戶名｜英屬蓋曼群島商家庭傳媒股份有限公司城邦分公司

總經銷｜聯合發行股份有限公司
地址｜新北市新店區寶橋路235巷6弄6號2樓
電話｜02-2917-8022
傳真｜02-2915-6275

香港發行｜城邦（香港）出版集團有限公司
地址｜香港灣仔駱克道193號東超商業中心1樓
電話｜852-2508-6231
傳真｜852-2578-9337
電子信箱｜hkcite@biznetvigator.com

馬新發行｜城邦（馬新）出版集團
　　　　　Cite（M）Sdn.Bhd.（458372U）
地址｜41, Jalan Radin Anum, Bandar Baru Sri Petaling,
　　　 57000 Kuala Lumpur, Malaysia.
電話｜603-9056-3833
傳真｜603-9056-2833

製版印刷｜凱林彩印股份有限公司
定價｜新台幣499元

國家圖書館出版品預行編目資料

木素材萬用事典
設計師打造自然木感住宅不敗關鍵350
【暢銷典藏更新版】
漂亮家居編輯部作. - -
三版 - - 臺北市：麥浩斯出版：
家庭傳媒城邦分公司發行, 2019.08
面； 公分 - -（Material；11）
ISBN：978-986-408-511-8（平裝）
1.木工 2.木材 3.空間設計 4.傢具製造
474.3　　　　　　　　　　　108009670

三版一刷2019年8月
Printed In Taiwan 版權所有・翻印必究
（缺頁或破損請寄回更換）